高职高专化工专业系列教材

（工作活页式）
# 化工工艺图实训指导

孟祥琳　朱成洲　主编
应凯业　副主编

化学工业出版社

·北京·

## 内容简介

本书分为掌握通用制图基础和绘制化工专业图两个模块，主要内容为制图、识图的基本知识和化工专业图的基本绘制。以设计1,4-丁二醇生产工厂所需图集为案例，要求学习者掌握绘制平面图、零件图、方案流程图、物料流程图、带控制点的工艺流程图、设备布置图、管道布置图、化工设备装配图，以及化工单元过程控制图等图样。

本书可作为职业教育化工类相关专业教材及相关企业员工培训用书，也可作为相关技能培训教材。

### 图书在版编目（CIP）数据

化工工艺图实训指导／孟祥琳，朱成洲主编；应凯业副主编．—北京：化学工业出版社，2024.2

高职高专化工专业系列教材

ISBN 978-7-122-44650-3

Ⅰ.①化⋯ Ⅱ.①孟⋯ ②朱⋯ ③应⋯ Ⅲ.①化学工业-生产工艺-高等职业教育-教材 Ⅳ.①TQ

中国国家版本馆CIP数据核字（2024）第003775号

---

责任编辑：潘新文　　　　　　装帧设计：韩　飞
责任校对：边　涛

---

出版发行：化学工业出版社
（北京市东城区青年湖南街13号　邮政编码100011）
印　　装：北京科印技术咨询服务有限公司数码印刷分部
787mm×1092mm　1/16　印张 7¼　字数157千字
2024年3月北京第1版第1次印刷

---

购书咨询：010-64518888　　　　　售后服务：010-64518899
网　　址：http://www.cip.com.cn
凡购买本书，如有缺损质量问题，本社销售中心负责调换。

---

定　　价：32.00元　　　　　　　　版权所有　违者必究

# 前 言

化工工艺图实训指导

以化工工艺人员为主导，根据所要生产的化工产品及其有关技术数据和资料，设计并绘制的反映工艺流程的图样称为化工工艺图。本书主要内容包括两个模块和九个实训，分别为掌握通用制图基础（制图基本知识、投影基础、物件＜各类视图＞的表达方法、AutoCAD 操作）和绘制化工专业图（工艺流程图、车间设备布置图、管道布置图、典型化工设备装配图和化工单元过程控制图）。学习者学完后应具有一定的绘图能力、读图能力、空间想象和思维能力以及绘图的实际技能，为后续化工及相近专业的学习奠定基础。

1,4-丁二醇是一种具有重要工业应用价值的化工产品，广泛应用于化工、医药、纺织、造纸、汽车、日用化工等领域。1,4-丁二醇作为可生物降解材料的关键原料，有望迎来全面爆发的市场需求和良好的发展机遇。某大型化工企业要设计一个 1,4-丁二醇生产分厂或为现有的 1,4-丁二醇生产分厂设计技术改造方案，要求技术符合中国绿色低碳发展要求，其中主要的设计内容是设计图集，包括工艺物料平衡（Process Flow Diagram，PFD）图、管道和仪表流程（Process & Instrumentation Drawing，PID）图、车间设备平面和立面布置图、装置平面布置总图、主要设备工艺条件图，本书根据此案例设计实训内容，使学生掌握工程图样的绘制、表达及阅读。

通过各模块的学习，学习者在提高空间想象能力和空间分析能力的同时，应掌握三视图等图样表达方式，识读、绘制各种复杂图样；通过对国家标准的学习以及读图与绘图训练，培养踏实、细致、耐心的职业素养。

本书采用工作活页式排版，适合以工程应用为目的制图教学，为后续专业课学习奠定基础。

相应岗位要求对化工工艺图识图、制图要求如下：

（1）化工操作工（包括现场和中控室）：能够准确阅读企业的工艺流程图。

（2）设备维护工：能够阅读化工设备和机器的装配图及零件图，能够自主设计较简单的零件。

（3）仪表操作工：能够绘制过程原理图。

（4）管道工：能够阅读管段图。

本书在学习时应注意以下几点：

（1）在理解基本概念的基础上，由浅入深地通过一系列的绘图和读图实践，不断地由物画图，由图想物，逐步提高空间想象能力和空间分析能力，从而逐步提高图示物体的能力。

（2）按照正确的方法和步骤作图，养成正确使用绘图工具、仪器和软件绘图的习惯。通过实训逐步提高绘图和读图能力。

（3）制图应做到：遵守制图标准；投影正确；视图选择与配置恰当；尺寸完全；字体工整；严谨细致。

本书由青海柴达木职业技术学院的孟祥琳、朱成洲担任主编，全面负责并组织教材的编写，同时对全书的质量和进度负责；由青海柴达木职业技术学院的应凯业担任副主编。其中，孟祥琳编写模块一的实训一、实训二和实训三；应凯业编写模块一的实训四；朱成洲编写模块二。此外，北京华科易汇科技股份有限公司的魏文佳对本书的大纲和逻辑结构的确定也给予了诸多指导。由于现代工业及装备制造水平发展迅速，加之编者水平和时间有限，疏漏之处在所难免，敬请各位读者批评指正。

编者

**2023 年 9 月**

# 目 录

## 模块一 掌握通用制图基础

实训一 基本知识与应用 ............................................. 1
    任务一 学习制图国家标准 ....................................... 1
    任务二 尺规绘图 ............................................... 9
实训二 物件投影视图绘制 ........................................... 19
    任务一 学习点、线、面、立体的投影方法 ......................... 19
    任务二 绘制物件的三视图 ....................................... 30
实训三 物件（各类视图）表达认识 ................................... 39
实训四 AutoCAD 操作 ............................................... 44

## 模块二 绘制化工专业图

实训一 绘制工艺流程图 ............................................. 55
实训二 绘制车间设备布置图 ......................................... 73
实训三 绘制管道布置图 ............................................. 83
实训四 绘制典型化工设备装配图 ..................................... 91
实训五 绘制化工单元过程控制图 ..................................... 105

参考文献

# 模块一　掌握通用制图基础

　　通用制图基础是一个专门针对化工领域制图知识学习的模块。通过学习，学习者将能够掌握化工领域常用的制图原理和技巧，有效地创建和解读各种类型的化工图样，更好地理解和交流化工数据和信息，以优化化工工艺设计、优化生产和安全管理程序。

【学习目标】

① 理解并应用制图的基本概念、定义、分类、图样特点、符号和标记。

② 使用制图工具、软件，绘制和编辑化工工艺、化工设备、管道、仪表等图样。

③ 分析和解读真实化工图样的案例，探索化工制图在工艺设计和操作优化中的应用和效果。

## 实训一　基本知识与应用

### 任务一　学习制图国家标准

**1. 任务目标**

① 熟悉图纸幅面及格式、比例、字体、图线、尺寸标注等基本规定。

② 掌握基本的绘图格式标注、字体等要求。

③ 能正确查阅国家标准，树立认真贯彻国家标准的意识。

④ 能够规范地绘制图框及标题栏。

**2. 任务分析**

　　图样作为技术交流的共同语言，必须有统一的规范，否则会带来生产过程和技术交流中的混乱和障碍。国家质量监督检验检疫总局、国家标准化管理委员会发布了《技术制图》、《机械制图》和《建筑制图》等一系列制图国家标准。国家标准《技术制图》将各类专业制图中共同的内容制定成标准，在技术内容上具有统一性、通用性和通则性；

国家标准《机械制图》《建筑制图》《电气制图》等是专业制图标准，是按照专业要求进行的补充，其技术内容具有专业性，它们都是绘制和使用工程图样的准绳。

在标准代号GB/T 14689—2008中，G、B、T分别是"国家""标准""推荐"这三个词汉语拼音的第一个字母。GB表示国家标准，一般简称为"国标"；T表示该标准为国家推荐性标准；14689是该标准的顺序编号；2008为该标准发布的年号。

（1）图纸的幅面和格式（GB/T 14689—2008）

① 图纸幅面尺寸。为了使图纸幅面统一，便于装订和保存，绘制技术图样时，应优先采用基本幅面。基本幅面有五种，其尺寸关系如表1-1所示。必要时，可以使用加长幅面。加长幅面的尺寸可根据其基本幅面的短边成整数倍增加。

表1-1　图纸幅面尺寸　　　　　　　　　　　　　　　单位：mm

| 幅面代号 | | A0 | A1 | A2 | A3 | A4 |
|---|---|---|---|---|---|---|
| 幅面尺寸 $B\times L$ | | 841×1189 | 594×841 | 420×594 | 297×420 | 210×297 |
| 周边尺寸 | $e$ | 20 | 20 | 20 | 10 | 10 |
| | $c$ | 10 | 10 | 10 | 5 | 5 |
| | $a$ | 25 | 25 | 25 | 25 | 25 |

② 图框。图框用粗实线绘制，格式分为留装订边和不留装订边两种，如图1-1所示。

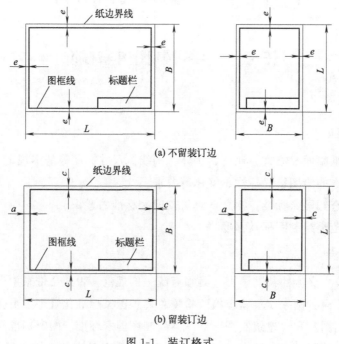

(a) 不留装订边

(b) 留装订边

图1-1　装订格式

③ 标题栏。每张图纸的右下角必须有标题栏，通常看图方向和其方向一致。标题栏的格式和尺寸应符合 GB/T 10609.1—2008 的规定，如图 1-2 所示。

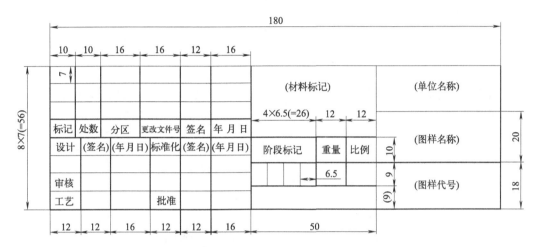

(a) 标准标题栏的格式及各部分的尺寸

(b) 制图作业中推荐使用标题栏格式

图 1-2 标题栏的格式和尺寸

（2）比例（GB/T 14690—1993）

比例是指图样中图形与实物相应要素的线性尺寸之比。绘图时应尽量采用 1∶1 的比例，但因各种物体的大小与结构不同，可根据实际需要选择放大或缩小比例。表 1-2 为国标规定的优先选用的比例系列和允许选用的比例系列。

表 1-2 优先选用和允许选用的比例系列表

| 原值比例 | 优先使用 | 1∶1 | |
|---|---|---|---|
| 放大比例 | 优先使用 | 5∶1　　　　　　2∶1 | |
| | | $5\times10^n∶1$　　$2\times10^n∶1$　　$1\times10^n∶1$ | |
| | 允许使用 | 4∶1　　　　　　2.5∶1 | |
| | | $4\times10^n∶1$　　$2.5\times10^n∶1$ | |

续表

| 原值比例 | 优先使用 | 1∶1 | | | |
|---|---|---|---|---|---|
| 缩小比例 | 优先使用 | 1∶2<br>$1:2\times 10^n$ | 1∶5<br>$1:5\times 10^n$ | 1∶10<br>$1:1\times 10^n$ | |
| | 允许使用 | 1∶1.5<br>$1:1.5\times 10^n$ | 1∶2.5<br>$1:2.5\times 10^n$ | 1∶3<br>$1:3\times 10^n$ | 1∶4<br>$1:4\times 10^n$ |

标注：一般标注在标题栏中的比例栏内；必要时可在视图名称的下方或右侧标注。不管图形采用何种比例，其尺寸一律按机件的实际大小标注，如图 1-3 所示。

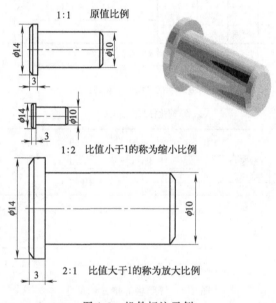

图 1-3　机件标注示例

(3) 字体（GB/T 14692—1993）

1) 基本要求。

① 书写：字体工整、笔画清楚、间隔均匀、排列整齐。

② 字体的号数：即字体的高度，1.8mm、2.5mm、3.5mm、5mm、7mm、10mm、14mm、20mm。

③ 汉字：长仿宋体。汉字高度 $h$ 不小于 3.5mm，其字宽一般为 $h/\sqrt{2}$。

④ 书写要点：横平竖直、注意起落、结构均匀，填满方格。

2) 字体示例，如图 1-4 所示。

(4) 图线（GB/T 17450—1998、GB/T 4457.4—2002）

1) 图线的线型及应用。图线的宽度按图形类型、大小、复杂程度在 0.13mm、

| 字体 | | 示例 |
|---|---|---|
| 长仿宋体汉字 | 10号 | 字体工整、笔画清楚、间隔均匀、排列整齐 |
| | 7号 | 横平竖直 注意起落 结构均匀 填满方格 |
| | 5号 | 技术制图石油化工机械电子汽车航空船舶土木建筑矿山设备工艺 |
| | 3.5号 | 螺纹齿轮端子接线指导驾驶舱位引水通风化纤 |
| 拉丁字母 | 大写斜体 | *ABCDEFGHIJKLMNOPQRSTUVWXYZ* |
| | 小写斜体 | *abcdefghijklmnopqrstuvwxyz* |
| 阿拉伯数字 | 斜体 | *0123456789* |
| | 正体 | 0123456789 |
| 罗马数字 | 斜体 | *I II III IV V VI VII VIII IX X* |
| | 正体 | I II III IV V VI VII VIII IX X |

$$R3 \quad 2\times 45° \quad M24\text{-}6H \quad \phi 60H7 \quad \phi 30g6$$
$$\phi 20^{+0.021}_{\ 0} \quad \phi 25^{-0.007}_{-0.020} \quad Q235 \quad HT200$$

图 1-4 字体示例图

0.18mm、0.25mm、0.35mm、0.5mm、0.7mm、1mm、1.4mm、2mm 中选择,制图中常用到的图线的线型及其应用如表1-3和图1-5所示。

表 1-3 图线的线型及其应用（GB/T 4457.4—2002）

| 名称 | 线型 | 宽度 | 主要用途及线素长度 |
|---|---|---|---|
| 粗实线 | ——— | 粗 | 表示可见轮廓 |
| 细实线 | ——— | 细 | 表示尺寸线、尺寸界线、通用剖面线、引出线、重合断面的轮廓、过渡线 |
| 波浪线 | ～～ | 细 | 表示断裂处的边界、局部剖视的分界 |
| 双折线 | ─╱─╱─ | 细 | 表示断裂处的边界 |
| 虚线 | - - - - | 细 | 表示不可见轮廓。画长 12$d$,短间隔长 3$d$（$d$ 为粗线宽度） |
| 细点画线 | — · — · — | 细 | 表示轴线、圆中心线、对称线、轨迹线 | 长画长 24$d$、短间隔长 3$d$、短画长 6$d$ |
| 粗点画线 | — · — · — | 粗 | 表示有特殊要求的表面 | |
| 双点画线 | — ·· — ·· — | 细 | 表示假想轮廓、断裂处的边界 | |

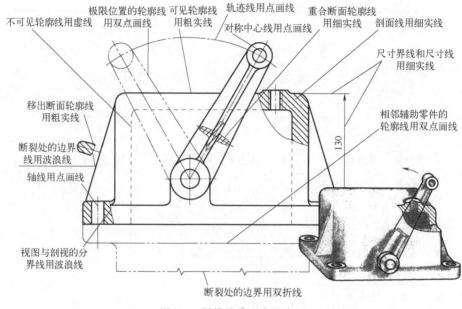

图 1-5 图线的线型实际应用

2）图线画法。

① 同一图样中同类图线的宽度应一致。虚线、点画线及双点画线的画长短和间隔应各自大致相等。

② 绘制圆的对称中心线时，圆心应交在画线处；首末两端应是画线不是点，且宜超出图形外约 5mm，圆直径小于或等于约 12mm 时，其中心线可用细实线代替，如图 1-6 所示。

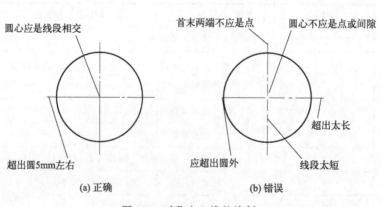

图 1-6 对称中心线的绘制

③ 在较小的图形上绘制点画线或双点画线有困难时，可用细实线代替。
④ 虚线及其他图线连接的画法如图 1-7 所示。

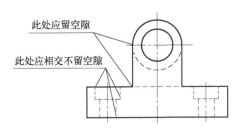

图 1-7　虚线及其他图线连接的画法

## 3. 操作步骤

① 图纸的幅面和格式　A4 图幅，以横版图框为准，绘制加装订边的边框以及标准标题栏，绘制完毕后将其粘贴在下面的粘贴页上。

② 字体。要求在方格内工整书写以下内容："化工工艺制图实训指导是一门研究绘制和阅读化工类工程图样的基本原理和基本方法的课程。"

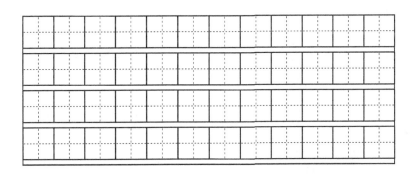

姓名　　　学号　　　班级

粘贴页

# 任务二　尺规绘图

**1. 任务目标**

① 熟练运用绘图工具进行简单的绘图操作。

② 学习绘图的基本操作，绘制平面图形。

**2. 任务分析**

（1）绘图工具的使用

常用普通绘图工具有：图板、丁字尺、三角板、比例尺、圆规、分规等。

① 图板和丁字尺，如图1-8所示。

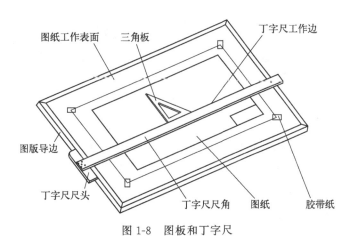

图1-8　图板和丁字尺

注意：使用丁字尺时需要注意，丁字尺的尺头必须与图板的导边贴紧，不能有缝隙，画线时沿着图板导边上下移动，可保证所画的水平线均为平行线，画水平线时应自左而右的画线，如图1-9所示。

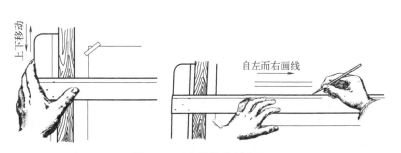

图1-9　丁字尺的使用方法

② 三角板。使用三角板时，需要将三角板的一条直角边与丁字尺的尺身重合，另一条直角边与尺身夹角为直角，自下而上画线，此时线条将于水平垂直，若需要画多条竖线，只需要将三角板在丁字尺尺身上左右移动画线即可。

如需要绘制其他角度斜线，如15°、75°，只需要利用三角板各个角度的使用或叠加计算，再进行画线即可得到；若还需要其他角度可使用量角器进行绘制，如图1-10所示。

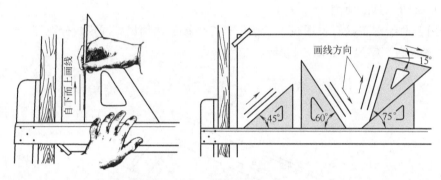

图 1-10　三角板的使用方法

仅用三角板绘制平行线时，可将两把尺子叠加放置，将其中一把尺子在另一把尺子上平移，即可绘制平行的斜线，如图1-11所示。

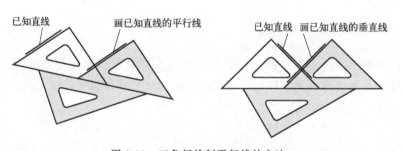

图 1-11　三角板绘制平行线的方法

③ 比例尺。一般只用来量取尺寸不可用来画线。使用时可利用分规截取所需要的尺寸，或者直接在图纸上截取所需要的长度，如图1-12所示。

④ 圆规、分规。圆规主要用于画圆和圆弧，铅芯部分为6～8mm长，楔形面与纸面夹角为75°。画直径不同的圆时，要随时调整钢针和铅芯插腿，使其始终垂直于纸面，如图1-13所示。

分规用于量取尺寸和截取线段（图1-14），要求分轨两腿并拢时，两针尖能对齐。

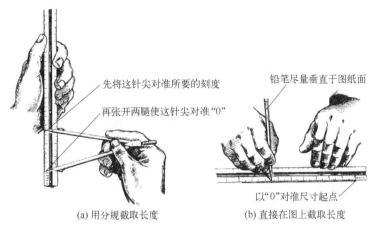

(a) 用分规截取长度　　　(b) 直接在图上截取长度

图 1-12　比例尺的使用方法

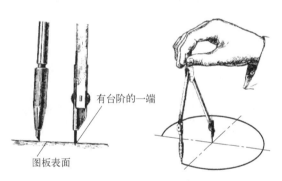

图 1-13　圆规的使用方法

图 1-14　分规的使用方法

⑤ 铅笔。铅笔使用时一般常备软硬代号 2H、HB、2B 的 3 支铅笔，同时铅笔头的削磨形状，如图 1-15 所示。

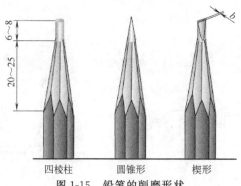

图 1-15　铅笔的削磨形状

不同的软硬代号及削磨形状会用于不同的线条绘制，铅笔软硬代号、所绘制图线要求以及铅笔头削磨形状，如表 1-4 所示。

表 1-4　绘制图线要求以及铅笔头削磨形状

| 类型 | 用途 | 图纸 | | 作业本 |
| --- | --- | --- | --- | --- |
| | | 软硬代号 | 削磨形状 | 自动铅笔 |
| 铅笔 | 画细线 | 2H/H | 圆锥形 | 0.35mm |
| | 写字 | HB/B | 钝圆锥形 | 0.5mm |
| | 画粗线 | B/2B | 截面为矩形的四棱柱 | 0.7mm |
| 圆规用铅芯 | 画细线 | HB/B | 楔形 | — |
| | 画粗线 | 2B/3B | 正四棱柱 | — |

（2）尺规绘图

1) 平面图形尺寸分析，如图 1-16 所示。

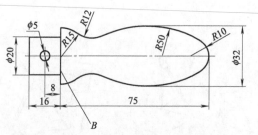

图 1-16　平面图形尺寸分析

① 定形尺寸。确定平面图形各组成部分形状大小的尺寸，称为定形尺寸。

② 定位尺寸。确定平面图形各组成部分之间相互位置的尺寸，称为定位尺寸。

2）平面图形的图线分析。

① 已知线段：定形尺寸和定位尺寸齐全，可独立画出的图线称为已知线段。

② 中间线段：只给出定形尺寸和一个方向的定位尺寸的图线，称为中间线段。

③ 连接线段：只给出定形尺寸，而无定位尺寸的图线，称为连接线段。

④ 基准线（定位线）：一般为图形的对称轴线、大圆的中心线或四边形的边。

3）圆角、曲线连接的画法。

① 圆角。与已知直线相切的圆弧，其圆心的轨迹是一条与已知直线平行的直线，距离为半径 $R$，从圆心向已知直线作垂线，垂足就是切点。

【**例 1-1**】 已知两条直线之间需要有一个相切圆弧，圆弧半径为 16mm，绘图步骤如 2-17（a）～（c）所示。

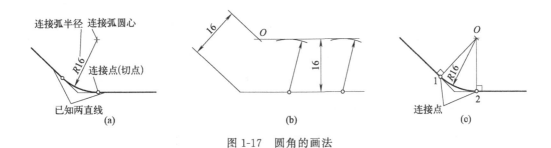

图 1-17 圆角的画法

a. 以 16mm 为距离分别绘制两条直线的平行线，其交点 $O$ 就是圆弧的圆心；

b. 过 $O$ 点作两直线的垂线，垂足即为连接点，然后以 $O$ 点为圆心，16mm 为半径画圆弧，即为相切圆弧。

② 用圆弧连接两圆弧。与已知圆弧相切的圆弧，其圆心的轨迹为已知圆弧的同心圆，该圆的半径随相切情况而定：当两圆弧外切时为两圆半径之和；内切时为两圆半径之差。切点在两圆心连线的延长线与已知圆弧的交点处。如图 1-18 和表 1-5 所示。

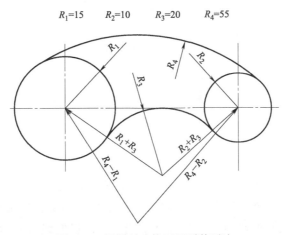

图 1-18 用圆弧连接两圆弧的画法

表 1-5 连接两圆弧的具体画法

| 连接两圆弧 | 外切 | | | |
| --- | --- | --- | --- | --- |
| | 内切 | | | |
| | 内外切 | | | |

③ 用圆弧连接一直线和一圆弧，如图 1-19（a）～（c）所示。

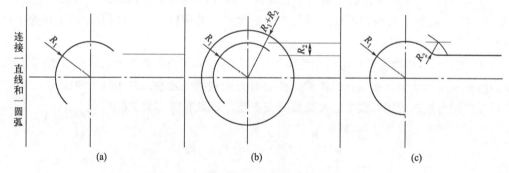

图 1-19 用圆弧连接一直线和一圆弧的画法

4) 平面图形的作图方法和步骤。

① 绘图工具准备齐全。

② 对图形进行尺寸分析和图线分析。

③ 确定比例和图幅。

④ 将图纸平整地固定在绘图板适当位置，以方便作图为好。

⑤ 用 2H 或 HB 的铅笔打底稿；先绘制图幅边框、图框、标题栏。

⑥ 布局图形，具体画图时，优先画基准线，再画已知线段，后画中间线段，最后才画连接线段。

⑦ 优先绘制图形的主要轮廓线或大尺寸图形，再画细节或小尺寸图形。

⑧ 整理图面，擦去各种辅助线和多余线条，然后标注尺寸并加深。加深时应先粗后细，先曲后直。

⑨ 填写汉字、标题栏等。

⑩ 校核全图。

**3. 操作步骤**

① 要求在 A4 纸上绘制手摇柄图形，如图 1-20 所示，保留绘制部分步骤，如图 1-21 并将其贴在粘贴页。

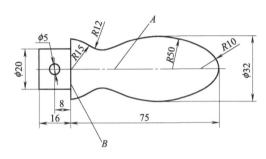

图 1-20　手摇柄

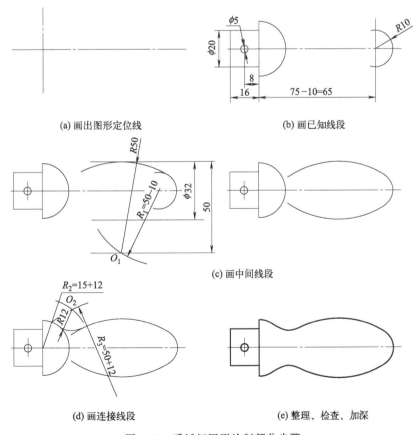

图 1-21　手摇柄图形绘制部分步骤

姓名　　　学号　　　班级

粘贴页

② 根据图 1-22 的吊钩图形进行平面图形绘制练习，要求如下：
a. 自行选择图幅及绘图方向。
b. 绘制不加装订边边框及简化标题栏，并写清楚标题栏内容。
c. 将绘制完成的图样粘贴在粘贴页。

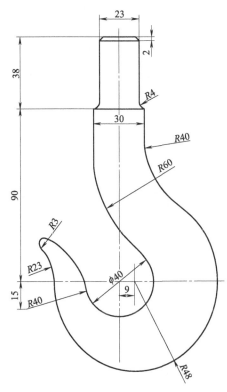

图 1-22　吊钩

姓名　　　学号　　　班级

粘贴页

## 实训二　物件投影视图绘制

## 任务一　学习点、线、面、立体的投影方法

**1. 任务目标**

① 了解投影法。
② 掌握投影的基本规律和类型。
③ 掌握点、线、面要素的投影方法与规律。
④ 了解三面要素的投影方法与规律。
⑤ 掌握三视图的投影规律。
⑥ 掌握不同投影类型基本性质。

**2. 任务分析**

（1）正投影法

在生产中使用的化工设备图和化工工艺图是在平面上表示出来的图样，一般采用正投影法的原理和方法绘制，掌握正投影法的基本图示和画图方法是绘制和阅读化工图样的基础。

1) 投影法的基本概念。在日常生活中，灯光或日光照射物体，在地面或墙面上会产生灰黑影子，这就是最常见的投影现象。这种影子只能反映出物体的轮廓，却不能表达出物体的形状和大小。人们根据生产活动的需要，对这种现象进行科学的抽象，总结出物体和影子之间的几何关系，逐步形成了投影法，使在图纸上准确而全面地表达物体的形状和大小的要求得以实现。

如图 1-23 所示，将 △ABC 放在平面 P 和光源 S 之间，自 S 分别向 A、B、C 引直线并使其延长至平面 P，与之相交于 a、b、c。平面 P 称为投影面，点 S 称为投影中心，$SAa$、$SBb$、$SCc$ 称为投射线，平面图形 abc 是空间平面 ABC 在投影面 P 上的投影。

所谓投影法，就是用投射线通过物体向选定的平面投射，并在该面上得到图形的方法。根据投影法得到的图形称为投影图，简称投影。

GB/T 14692—2008《技术制图　投影法》中规定：投影法中，得到投影的面，称为投影面。由此可见，要获得投影，必须具备光源、物体、投影面这三个基本条件。

2) 投影法的分类。

① 中心投影法。投射线交会于一点的投影法，称为中心投影法。采用中心投影法绘制的图样（称透视图）直观性强，符合人的视觉映像，常被用于表达建筑物的外观形状。如图 1-23 所示，用中心投影法得到的三角形投影比实物放大了，并且它的大小会随实物离投影面距离而变化。这种投影不能反映物体的真实形状和大小，因此在化工

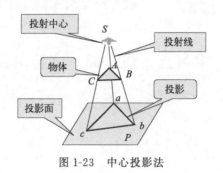

图 1-23　中心投影法

样中不被采用。

② 平行投影法。假想把图 1-24 中的投射中心 $S$ 移至无限远处，则投射线可以看作是相互平行的。投射线相互平行的投影方法，称为平行投影法，如图 1-24 所示。

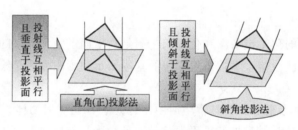

图 1-24　平行投影法

③ 正投影法。用正投影法得到的物体的投影，称为物体的正投影图，简称正投影。本书主要介绍正投影法。正投影法是制图的主要理论基础，以下所称的投影均是指正投影，并规定：空间物体一般用大写字母表示，其投影用相应小写字母表示。

产生正投影的基本条件是：投射线互相平行，投射线与投影面垂直。

用正投影法得到的物体投影容易反映物体的真实形状（简称实形）和大小，度量性好，作图简便，故正投影法在化工图样中应用最广泛。

正投影的基本性质：直线和平面图形用正投影法进行投影时，其投影有三个重要性质，如图 1-25 所示。

a. 真实性。当直线或平面与投影面平行时，直线的投影为反映实长的直线段，平面的投影为反映实形的平面图形。

b. 积聚性。当直线或平面与投影面垂直时，直线的投影积聚成一点，平面的投影积聚成一条直线。

c. 类似性。当直线或平面与投影面倾斜时，直线的投影为小于空间直线实长的直线段，平面的投影为小于空间平面实形的类似形。

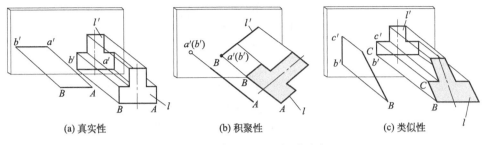

(a) 真实性　　　　　　(b) 积聚性　　　　　　(c) 类似性

图 1-25　正投影的基本性质示意

（2）三视图的形成和投影规律

1）三视图的形成。以人的视线代替投射光线，用正投影法将物体向某个投影面投射所得到的正投影图，称为视图。一般情况下，通过一个视图不能确定物体的形状，要反映物体的完整形状，必须增加由不同投射方向所得到的几个视图，互相补充，才能清楚地表达物体。工程上常用的是三面视图。

① 投影面体系。GB/T 14692—2008 中规定：相互垂直的三个投影面，分别用 $V$、$H$、$W$ 表示。三个相互垂直的投影面可构成投影面体系，如图 1-26 所示，三个投影面分别称为：正立投影面，简称正面，以 $V$ 表示；水平投影面，简称水平面，以 $H$ 表示；侧立投影面，简称侧面，以 $W$ 表示。三个投影面之间的交线 $OX$、$OY$、$OZ$ 称为投影轴，分别代表物体的长、宽、高三个方向。

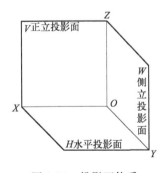

图 1-26　投影面体系

② 物体在三投影体系中的投影。将物体放置在三投影面体系中，按正投影法向各投影面投射，即可分别得到物体的正面投影、水平投影、侧面投影，如图 1-27 所示。

2）三视图的投影规律。

① 三视图的配置关系。以主视图为准，俯视图在它的正下方，左视图在它的正右方。

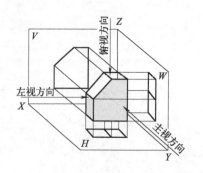

图 1-27 物体在三投影体系中的投影

② 物体的长、宽、高在三视图上的对应关系：

主视图反映物体的长度（$X$）和高度（$Z$）；

俯视图反映物体的长度（$X$）和宽度（$Y$）；

左视图反映物体的高度（$Z$）和宽度（$Y$）。

③ 三视图的投影规律，如图 1-28 所示。

主、俯视图——长对正；

主、左视图——高平齐；

俯、左视图——宽相等。

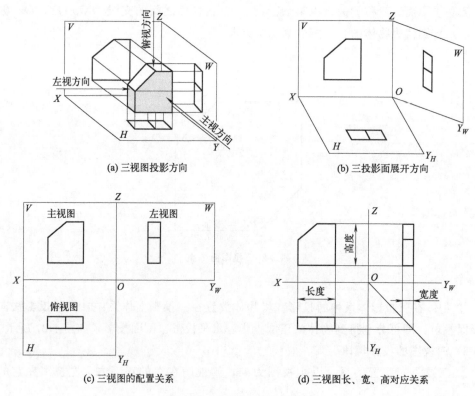

(a) 三视图投影方向　　　　　　(b) 三投影面展开方向

(c) 三视图的配置关系　　　　　(d) 三视图长、宽、高对应关系

图 1-28 三视图的投影规律

【例 1-2】 已知点 $A$ 的正面投影和侧面投影，求作其水平投影。

作图步骤：根据点的投影规律自正面投影 $a'$ 作 $OX$ 轴的垂线，过侧面投影 $a''$ 作 $OY_W$ 垂线并延长交 45°辅助线于一点，过该点作 $OY_H$ 的垂线，与 $a'$ 所引的垂线交于 $a$，即得点 $A$ 的水平投影，如图 1-29 所示。

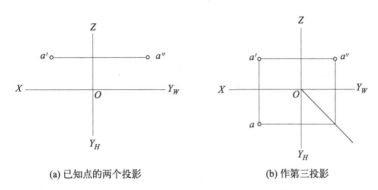

(a) 已知点的两个投影　　　　(b) 作第三投影

图 1-29　已知点 A 的正面投影和侧面投影绘制方法

【例 1-3】 已知点 $A$ (30，10，20)，求作它的三面投影图。

作图步骤，如图 1-30 (a)、(b) 所示。

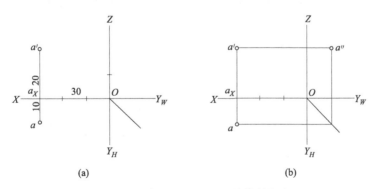

(a)　　　　　　　　(b)

图 1-30　已知点的三面投影的绘制方法

① 作投影轴。

② 在 $OX$ 轴上由 $O$ 向左量取 30，得 $a_X$。

③ 过 $a_X$ 作 $OX$ 轴的垂线，并沿垂线向下量取 $a_X a = 10$，得 $a$；向上量取 $a_X a' = 20$，得 $a'$；

④ 根据 $a$、$a'$，求出第三投影 $a''$。

【例1-4】 已知△ABC平面上点E的正面投影e′［图1-31（a）］，试求它的另一面投影。

作法1：如图1-31(b)所示。

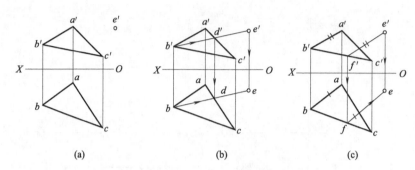

图1-31 已知平面上点在另一面投影的绘制方法

① 过点E和定点B作直线，即过e′作直线的正面投影e′b′，交a′c′线于d′点。

② 求出D点的水平投影d，连接bd并延长。

③ 过e′作OX轴的垂线与bd的延长线相交，交点即为E的水平投影e。

作法2：如图1-31(c)所示。

① 点E作直线EF平行AB，即过e′作e′f′∥a′b′，交b′c′于f′。

② 求出水平投影f，过f作直线平行于ab，与过e′作的OX轴的垂线交于e，即为点E的水平投影。

【例1-5】 已知四边形ABCD的正面投影和BC、CD两边的水平投影，试完成四边形的水平投影。

作图步骤，如图1-32（a）、（b）所示。

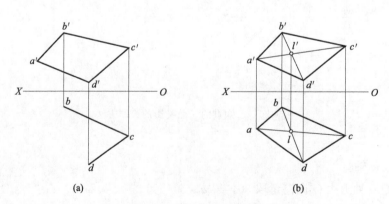

图1-32 四边形的水平投影绘制方法

① 连接 $b'd'$ 和 $bd$。
② 连接 $a'c'$，并与 $b'd'$ 相交与 $l'$。
③ 由 $l'$ 引 $OX$ 轴的垂线，并与 $bd$ 相交于 $l$。
④ 连接 $cl$ 并延长，与从 $a'$ 向 $OX$ 轴所作的垂线交于 $a$，即为点 $A$ 的水平投影。
⑤ 连接 $ab$ 和 $ad$，即完成四边形 $ABCD$ 的水平投影。

(3) 点、线、面的投影

1) 点的投影。

① 点的投影及标记。空间点用大写字母表示，如 $A$、$B$、$C$；水平投影用相应的小写字母表示，如 $a$、$b$、$c$；正面投影用相应的小写字母上角标加一撇表示，如 $a'$、$b'$、$c'$；侧面投影用相应的小写字母上角标加两撇表示，如 $a''$、$b''$、$c''$，如图 1-33 (a)～(c) 所示。

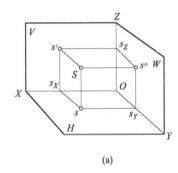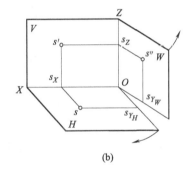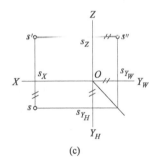

图 1-33 点的投影及标记

② 点的投影规律。

a. 点的两面投影连线，必定垂直于相应的投影轴，即 $ss' \perp OX$，$s's'' \perp OZ$，而 $ss_{Y_H} \perp OY_H$，$s''s_{Y_W} \perp OY_W$。

b. 点到投影轴的距离，等于空间点到相应的投影面的距离，即"影轴距等于点面距"。

$s's_X = s''s_Y = S$ 点到 $H$ 面的距离 $Ss$；

$ss_X = s''s_Z = S$ 点到 $V$ 面的距离 $Ss'$；

$ss_Y = s's_Z = S$ 点到 $W$ 面的距离 $Ss''$。

2) 直线的投影。

① 直线的投影规律。两点确定一条直线，将两点的同名投影用直线连接，就得到直线的同名投影，如图 1-34 所示。

② 投影面平行线的投影特性：具体内容见表 1-6 所示。

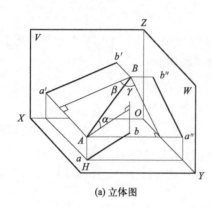
(a) 立体图

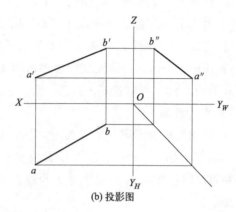
(b) 投影图

图 1-34 直线的投影规律

表 1-6 投影面平行线的投影特性

| 名称 | 正平线(//V,倾斜 H、W) | 水平线(//H,倾斜 V、W) | 侧平线(//W,倾斜 H、V) |
|---|---|---|---|
| 立体图 | | | |
| 投影图 | | | |
| 投影特性 | 1. $Ab$ 反映实长和倾斜角 $\alpha$、$\gamma$；<br>2. $ab$//$OX$,$a''b''$//$OZ$,且小于实长 | 1. $bc$ 反映实长和倾斜角 $\beta$、$\gamma$；<br>2. $b'c'$//$OX$,$b''c''$//$OY_W$,且小于实长 | 1. $a''c''$ 反映实长和倾斜角 $\alpha$、$\beta$；<br>2. $a'c'$//$OZ$,$ac$//$OY_H$,且小于实长 |
| | 小结:1. 在所垂直的投影面上的投影,积聚成一点;<br>2. 其它两投影反映实长,且垂直于相应的投影轴 | | |

③ 投影面垂直线的投影特性:具体内容见表 1-7。

表 1-7 投影面垂直线的投影特性

| 名称 | 正垂线（⊥V,//H,//W） | 铅垂线（⊥H,//V,//W） | 侧垂线（⊥W,//H,//V） |
|---|---|---|---|
| 立体图 | | | |
| 投影图 | | | |
| 投影特性 | 1. 正面投影积聚为一点；<br>2. $ab⊥OX$,$a''b''⊥OZ$,$ab$,$a''b''$反映实长 | 1. 水平投影积聚成一点；<br>2. $a'c'⊥OX$,$a''c''⊥OY_W$,$a'c'$,$c''$反映实长 | 1. 侧面投影积聚成一点；<br>2. $a'd'⊥OZ$,$ad⊥OY_H$,$a'd'$,$ad$反映实长 |
| | 小结：1. 在所垂直的投影面上的投影，积聚成一点；<br>2. 其它两投影反映实长，且垂直于相应的投影轴 | | |

3）平面的投影。

① 平面的投影形成。平面由其多个顶点连接而成，确定一个平面，将平面上顶点的同名投影用直线连接，就得到平面的同名投影，如图 1-35 所示。

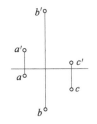 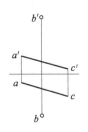 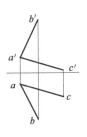 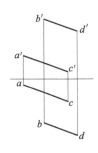 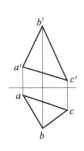

(a) 不在同一直线上的三点　(b) 一直线和直线外一点　(c) 相交两直线　(d) 平行两直线　(e) 平面图形

图 1-35 平面的投影形成

② 投影面垂直面的投影特性：具体内容见表 1-8。

③ 投影面平行面的投影特性：具体内容见表 1-9。

表 1-8 投影面垂直面的投影特性

| 名称 | 铅垂面($\perp H$) | 正垂面($\perp V$) | 侧垂面($\perp W$) |
|---|---|---|---|
| 立体图 | | | |
| 投影图 | | | |
| 投影特性 | 1. 水平投影积聚成直线；<br>2. 正面投影和侧面投影为原形的类似形 | 1. 正面投影积聚成直线；<br>2. 水平投影和侧面投影为原形的类似形 | 1. 侧面投影积聚成直线；<br>2. 正面投影和水平投影为原形的类似形 |
| | 小结：1. 在所垂直的投影面上的投影，积聚成直线；<br>2. 其它投影为原形的类似形 | | |

表 1-9 投影面平行面的投影特性

| 名称 | 水平面($//H$) | 正平面($//V$) | 侧平面($//W$) |
|---|---|---|---|
| 立体面 | | | |
| 投影图 | | | |
| 投影特性 | 1. 水平投影反映实形<br>2. 正面投影和侧面投影积聚为直线段 | 1. 正面投影反映实形<br>2. 水平投影和侧面投影积聚为直线段 | 1. 侧面投影反映实形<br>2. 正面投影和水平投影积聚为直线段 |
| | 小结：1. 在所增选的投影面上的投影反映实形<br>2. 其它投影为有积聚性的直线段，且平行于相应的投影轴 | | |

**3. 操作步骤**

① 已知空间中 A、B、C 三个点的坐标，A（15，25，30）、B（5，20，10）、C（12，20，16），请绘制三个点的三视图投影，如图 1-36 所示。

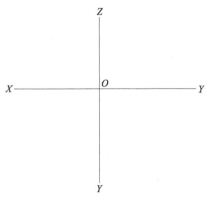

图 1-36　已知坐标系（1）

② 已知空间中一个三角形，其中顶点 A（5，25，30）、B（15，20，10）、C（12，15，10），请绘制三角形的三视图投影，如图 1-37 所示。

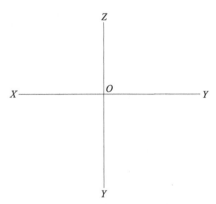

图 1-37　已知坐标系（2）

# 任务二　绘制物件的三视图

**1. 任务目标**

① 熟悉三视图中各视图之间的位置关系。

② 掌握点、线、面要素在空间中的任意投影面的投影和三视图的画法。

③ 根据基本几何体图，分析绘制三视图。

④ 根据实体图形，进行图形分析及绘制三视图。

**2. 任务分析**

（1）基本几何体及其三视图表达方法

基本几何体包括棱柱、棱锥、圆柱、圆球、圆锥、圆环等，本书仅列出常见的基本几何体三视图投影。

① 棱柱，如图 1-38 所示。

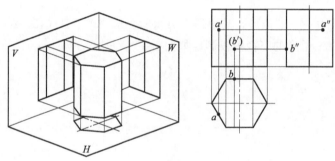

图 1-38　棱柱三视图

② 棱锥，如图 1-39 所示。

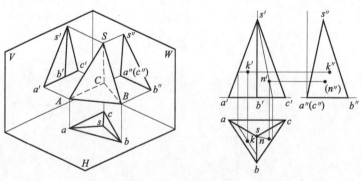

图 1-39　棱锥三视图

③ 圆柱，如图 1-40 所示。

④ 圆锥体，如图 1-41 所示。

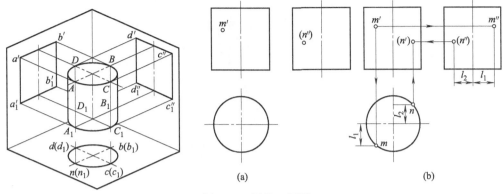

图 1-40　圆柱三视图

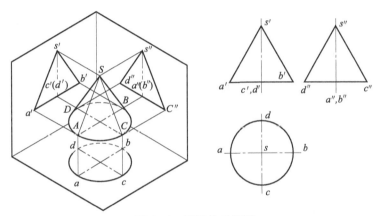

图 1-41　圆锥体三视图

（2）组合体的三视图

零件、设备的形状虽然是多种多样的，但都可以看成各类简单基本几何体的叠加、切割等组合而成，以下将通过几个简单组合体的三视图的绘制来介绍图形绘制的规律。

1）绘图步骤。

① 组合体画图时，由于形体较为复杂，要采用形体分析法，根据投影原理及"三等"关系，有分析、有步骤地进行画图。主要分析基本体、组成方式、相对位置等。

② 选择合适的面作为主视图、俯视图、左视图投影面。

③ 画图。为正确采用形体分析法，减少画图中的错误，应在形体分析的基础上，按形体的主次和相对位置，逐个画出它们的三视图。一般顺序是：先画主要部分，后画次要部分；先画大形体，后画小形体；先画整体形状，后画细节形状。

④ 检查加深。

2）轴承座。

① 形体分析，如图 1-42 所示。

② 选择视图，如图 1-43 所示。

③ 画图。

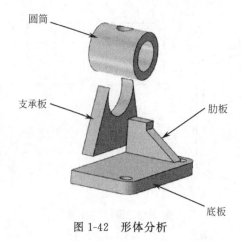

图 1-42 形体分析

图 1-43 选择视图

a. 画出底板的三视图，如图 1-44 所示。

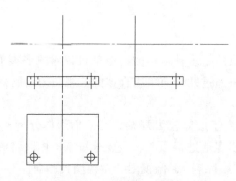

图 1-44 底板的三视图

b. 画出圆筒的三视图，如图 1-45 所示。
c. 画出支承板的三视图，如图 1-46 所示。
d. 画肋板的三视图，如图 1-47 所示。
e. 补全细节，检查，加深，完成全图，如图 1-48 所示。
3）支架
① 形体分析，如图 1-49 所示。

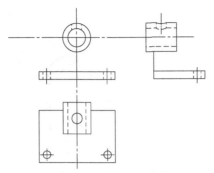

图 1-45 圆筒的三视图

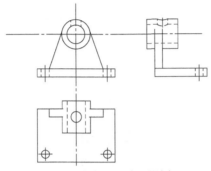

图 1-46 支承板的三视图

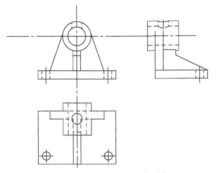

图 1-47 肋板的三视图

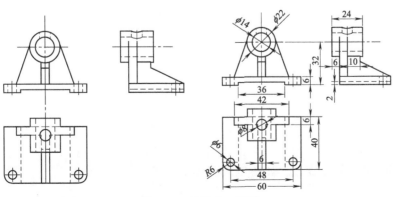

图 1-48 轴承座三视图

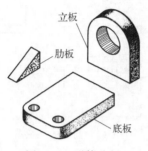

图 1-49　形体分析

② 选择视图，如图 1-50 所示。

图 1-50　选择视图

③ 画图：

a. 布置视图、画出图形定位线，如图 1-51 所示。

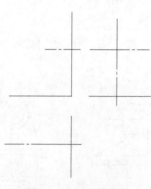

图 1-51　图形定位线

b. 先画底板，后画立板，如图 1-52 所示。

图 1-52　底板和立板三视图

c. 画肋板，如图 1-53 所示。

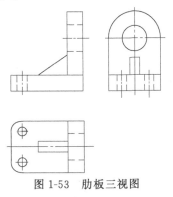

图 1-53　肋板三视图

d. 检查、加深，完成全图，如图 1-54 所示。

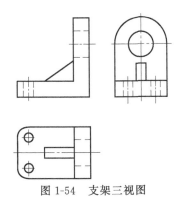

图 1-54　支架三视图

**3. 操作步骤**

① 使用工具量取轴承座尺寸，并根据步骤绘图，要求如下：

a. 选用 A4 纸横幅。

b. 绘制不加装订边边框及简化标题栏，并写清楚标题栏内容。

c. 将绘制完成的图样粘贴在粘贴页。

姓名　　　学号　　　班级

粘贴页

② 请使用工具量取轴承座尺寸，并根据步骤绘图，要求如下：

a. 选用 A4 纸横幅。

b. 绘制不加装订边边框及简化标题栏，并写清楚标题栏内容。

c. 将绘制完成的图样粘贴在本页。

③ 根据轴测图选择合适的视图，在 A3 纸上使用绘图板绘制三视图，粘贴在粘贴页；如图 1-55 所示。

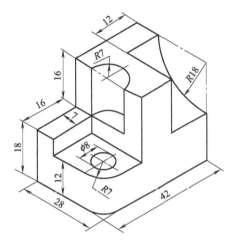

图 1-55　模型轴测图

姓名　　　　学号　　　　班级

粘贴页

## 实训三　物件（各类视图）表达认识

**1. 任务目标**

① 了解零部件的多种视图表达方法。
② 掌握零部件的多种视图投影的基本规律和类型。
③ 绘制零部件的多种视图的投影。
④ 熟练应用各类视图及其表达内容。
⑤ 熟悉零部件的多种视图投影的绘制方法和步骤。

**2. 任务分析**

（1）基本视图

物体向基本投影面投射所得的视图，称为基本视图。六个基本视图的名称和投射方向如图 1-56（a）、（b）所示。

① 主视图（A 视图）：由物体的前方（a 方向）投射所得的视图。
② 俯视图（B 视图）：由物体的上方（b 方向）投射所得的视图，配置在主视图下方。
③ 左视图（C 视图）：由物体的左方（c 方向）投射所得的视图，配置在主视图右方。
④ 右视图（D 视图）：由物体的右方（d 方向）投射所得的视图，配置在主视图左方。
⑤ 仰视图（E 视图）：由物体的下方（e 方向）投射所得的视图，配置在主视图上方。
⑥ 后视图（F 视图）：由物体的后方（f 方向）投射所得的视图，配置在左视图右方。

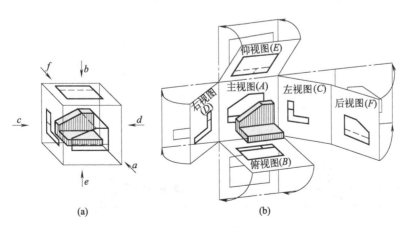

图 1-56　六个基本视图名称及方向

(2) 各类表达视图

1) 剖视图。

① 剖视图的表达。为了清晰地表达机件的内部结构，国家标准（GB/T 17452—1998、GB/T 4458.6—2002）规定了剖视图的画法。

假想用剖切面剖开物体，将处在观察者和剖切面之间的部分移去，而将其余部分向投影面投射所得到的图形，称为剖视图，简称剖视，如图1-57所示。

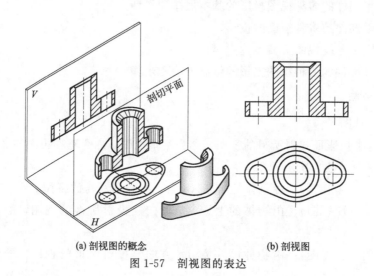

(a) 剖视图的概念　　　　　(b) 剖视图

图1-57　剖视图的表达

② 剖面符号（GB/T 4457.5—1984、GB/T 17453—2005）具体内容见表1-10所示。

表1-10　剖面符号

| 材料类别 | 剖面符号 | 材料类别 | 剖面符号 | 材料类别 | 剖面符号 |
| --- | --- | --- | --- | --- | --- |
| 金属材料、通用剖面符号 | | 非金属材料（已有规定剖面符号者除外） | | 线圈绕组元件 | |
| 型砂、填沙、粉末冶金、砂轮、陶瓷刀片、硬质合金刀片等 | | 液体 | | 木材 | 纵断面 |
| 转子、电枢、变压器、电抗器等的迭钢片 | | 钢筋混凝土 | | | 横断面 |
| 玻璃及供观察用的其它透明材料 | | 砖 | | 混凝土 | |
| 基础周围的泥土 | | 格网（筛网、过滤网） | | 木质胶合板 | |

③ 剖视图的几种表达方法。

a. 全剖视图：用剖切平面完全地剖开物体所得的剖视图称为全剖视图，简称全剖视。全剖视图主要用于表达内部结构比较复杂、外形相对简单的不对称物体。对于外形简单的对称物体也可用全剖视图，如图 1-58 所示。

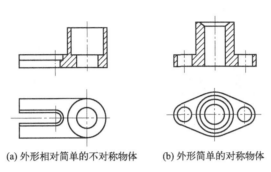

(a) 外形相对简单的不对称物体　　(b) 外形简单的对称物体

图 1-58　全剖视图

b. 半剖视图：当物体具有对称平面时，以对称平面为界，用剖切面剖开物体的一半所得的剖视图称为半剖视图，简称半剖视，如图 1-59 所示。

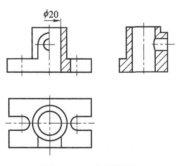

图 1-59　半剖视图

c. 局部剖视图：用剖切平面剖开物体的局部所得的剖视图称为局部剖视图，简称局部剖视。物体局部剖切后，其剖与未剖部分以波浪线为分界线，如图 1-60（a）、（b）所示。

2）局部视图。将物体的某一部分向基本投影面投射所得的视图，称为局部视图。绘制局部视图时应注意：用带字母的箭头指明要表达的部位和投射方向，并注明视图名称。局部视图的范围用波浪线表示。当表示的局部结构是完整的且外轮廓封闭时，波浪线可省略。局部视图可按基本视图的配置形式配置，也可按向视图的配置形式配置，如图 1-61 所示。

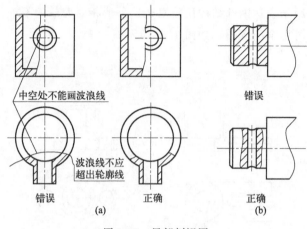

图 1-60　局部剖视图

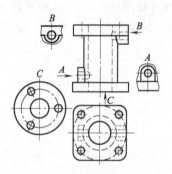

图 1-61　局部视图

3）斜视图。将物体向不平行于基本投影面的新投影面投射所得的视图称为斜视图，如图 1-62、图 1-63 所示。

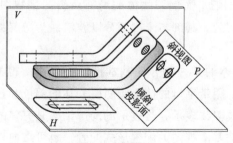

图 1-62　斜视图（1）

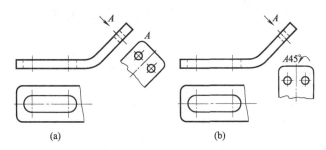

图 1-63　斜视图（2）

4）断面图。假想用剖切面将物体的某处切断，仅画出该剖切面与物体接触部分的图形，称为断面图，简称断面，如图 1-64（a）、（b）所示。

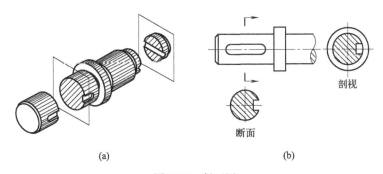

图 1-64　断面图

## 3. 操作步骤

根据图 1-65 所示的内容，补全剖视图缺少的部分图形。

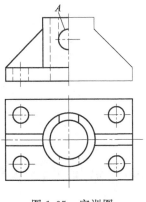

图 1-65　实训图

## 实训四 AutoCAD 操作

**1. 任务目标**

① 熟悉 CAD 软件中常用的基本命令、实体绘制命令及各项操作指令。

② 掌握 CAD 状态栏和命令窗口的作用。

③ 熟悉 CAD 绘图工具栏和修改工具栏的典型工具。

④ 能应用删除、平移、捕捉等基本命令；能应用圆、矩形、正多边形、椭圆和椭圆弧命令绘制平面图形。

⑤ 通过学习现代计算机辅助制造软件了解先进制造方法。

**2. 任务分析**

（1）操作界面的认识

① 绘图界面如图 1-66 所示。

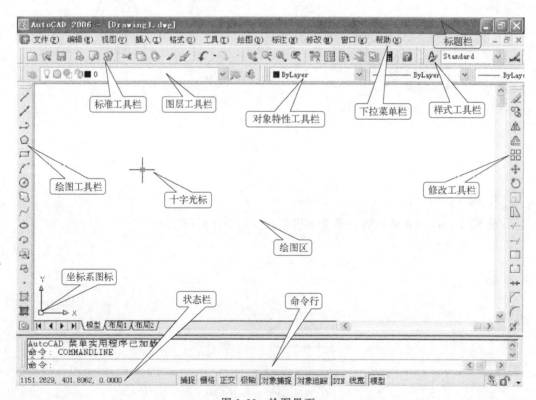

图 1-66 绘图界面

② 绘图工具栏。绘图过程中较为常用的为绘图工具栏、修改工具栏及尺寸标注工具栏。绘图工具栏如图 1-67 所示。

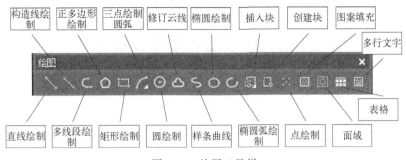

图 1-67 绘图工具栏

绘图中常用的图形一般有直线、正多边形、圆、圆弧、椭圆等，除在工具栏中直接选择功能之外，还可在下拉菜单栏中"绘图"选择所使用的绘图方式。

③ 修改工具栏。绘图中常用的功能一般有删除、复制、镜像、偏移、矩阵、旋转、修剪、倒角、圆角等，除在工具栏中直接选择功能之外，还可在下拉菜单栏中"修改"选择所使用的绘图方式；以下将针对常用功能操作进行简单叙述，如图 1-68 所示。

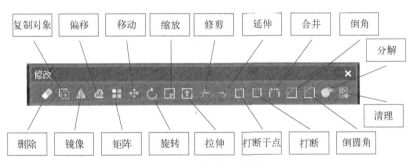

图 1-68 修改工具栏

删除：选择需要删除的图线，点击删除按钮，或者直接按键"Delete"。

复制：选择需要复制的图线，然后根据提示进行图形复制。

镜像：选择需要镜像的图形，选择对称线进行图形镜像，镜像图形为原图形的轴对称图形。

偏移：主要用于作平行线，点击"偏移"—输入尺寸—选择偏移图线—鼠标移动至需要偏移位置—点击鼠标左键即完成偏移。

矩阵：主要分为圆形矩阵和方形矩阵，可根据需要选择矩阵类型。

修剪：针对部分图线修剪时，选择图线—点击"修剪"—点击鼠标右键修剪掉不需要的图线；针对全图修剪时，选择全图—点击"修剪"—点击鼠标右键修剪掉不需要的图线。

(2) 平面图形的绘制

【例 1-6】 以五角星绘制为例，绘制效果图如图 1-69 所示。

图 1-69　五角星图

绘图步骤如下：

① 绘制两条相交的直线作为轴线（基准线），点击 ✏️—在任意位置绘制竖线；重复步骤绘制水平线，如图 1-70 所示。

图 1-70　绘制相交的轴线

② 绘制直径为 60 的圆，点击 ⊙—以直线交点作为圆心—输入"30"—点击回车键确定，如图 1-71 所示。

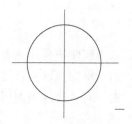

图 1-71　绘制直径为 60 的圆

③ 绘制内五角星：点击 ⬠—输入边数"5"—选择中心点—选择内切—输入半径/拉至圆边上，绘制成内切五边形，如图 1-72(a) 所示。

点击 ✏️—分别连接五边形五个顶点，形成五角星图案，如图 1-72(b) 所示。

选择全图—点击 ✂️—点击不需要的图线，修剪为五角星形状，如图 1-72(c) 所示。

④ 五角星填充：点击 ▨—选择"添加：拾取点"—选择"五角星"—回车—选择

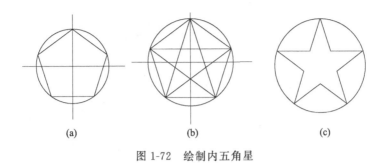

图 1-72　绘制内五角星

样例，图案选择合适图案—点击"确定"，完成图形编辑，如图 1-73 所示。

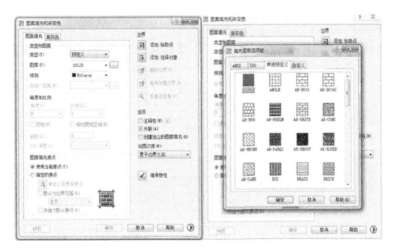

图 1-73　五角星填充

⑤ 标注尺寸：选择标注 标注(N) —直径标注—点击"圆"即完成标注，如图 1-74 所示。

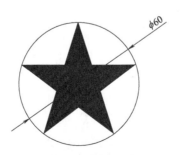

图 1-74　标注尺寸

【例 1-7】 效果图如图 1-75 所示。

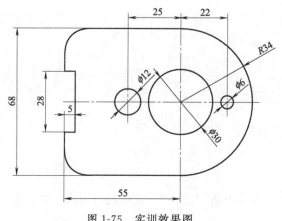

图 1-75　实训效果图

绘图步骤如下：

① 绘制轴线（基准线），点击 ——在任意位置绘制竖线；同时绘制水平线，如图 1-76 所示。

图 1-76　绘制相交的轴线

② 绘制 $\phi 30$、$R34$ 的圆：点击 ——以直线交点作为圆心——输入"15"——点击回车键确定。

单击 ——以直线交点作为圆心——输入"34"——点击回车键确定，如图 1-77 所示。

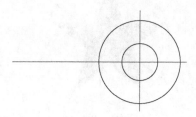

图 1-77　绘制 $\phi 30$、$R34$ 的圆

③ 绘制后半部分长方形，因考虑图形为长方形，可使用偏移功能，点击 —输入"34"—选择水平线为参考线—用鼠标分别作上下两条边；同样方法作左侧边，并进行修剪，如图 1-78 所示。

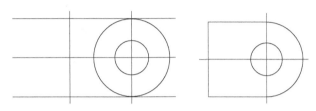

图 1-78　绘制后半部分长方形

④ 绘制小圆及凹槽：主要使用偏移功能确定圆心及凹槽轮廓，如图 1-79 所示。

图 1-79　绘制小圆及凹槽

⑤ 绘制圆角：点击 ▢—输入"$r$"，回车—输入半径"12"，回车—选择"圆角边"，如图 1-80 所示。

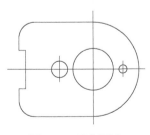

图 1-80　绘制圆角

⑥ 进行标注，并进行线条修改，如图 1-81 所示。
(3) 三视图的绘制

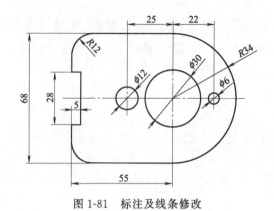

图 1-81 标注及线条修改

【例 1-8】 以五棱柱切割体的绘制为例，绘制图 1-82。

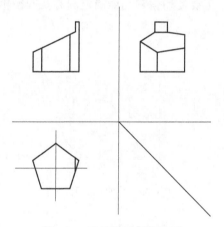

图 1-82 五棱柱切割体绘制

绘图步骤如下所示：

① 绘制三视图分割平面，且绘制五棱柱的俯视图，如图 1-83 所示。

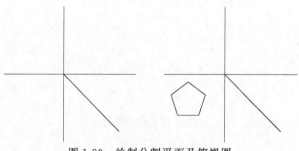

图 1-83 绘制分割平面及俯视图

② 根据三视图三等关系，作出另外两个视图，如图 1-84 所示。

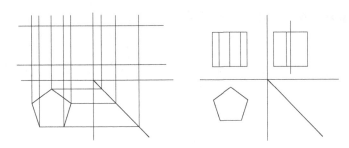

图 1-84　绘制五棱柱的三视图

③ 在主视图和俯视图中任意位置作出切割线，并在左视图完成相关图形补充，如图 1-85 所示。

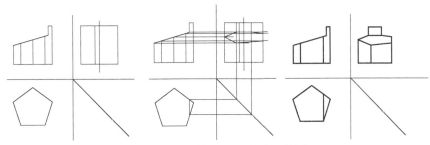

图 1-85　绘制切割后五棱柱三视图

【例 1-9】　根据轴测图，绘制三视图，如图 1-86 所示。

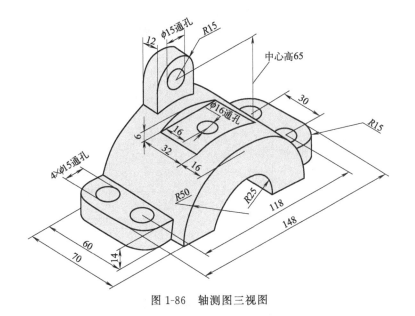

图 1-86　轴测图三视图

绘图步骤如下所示：

① 绘制半圆柱三视图，如图 1-87 所示。

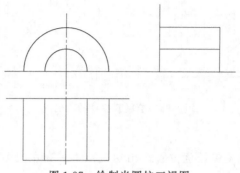

图 1-87　绘制半圆柱三视图

② 绘制两侧底板三视图，如图 1-88 所示。

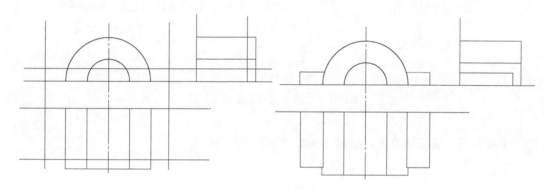

图 1-88　绘制两侧底板三视图

③ 绘制底板上孔和倒圆三视图，如图 1-89 所示。

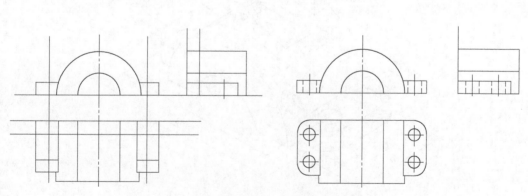

图 1-89　绘制底板上孔和倒圆三视图

④ 绘制凸台三视图，如图 1-90 所示。

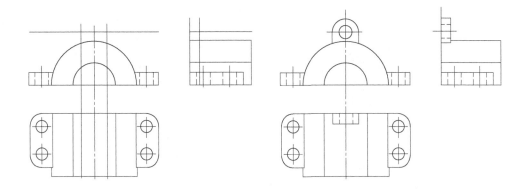

图 1-90　绘制凸台三视图

⑤ 绘制切割平台及打孔，如图 1-91 所示。

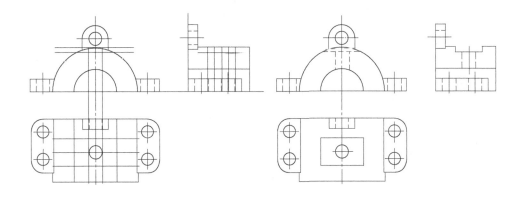

图 1-91　绘制切割平台及打孔

⑥ 检查图样，完成细节，并进行标注，完成三视图，如图 1-92、图 1-93 所示。

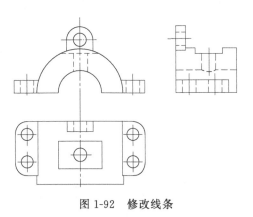

图 1-92　修改线条

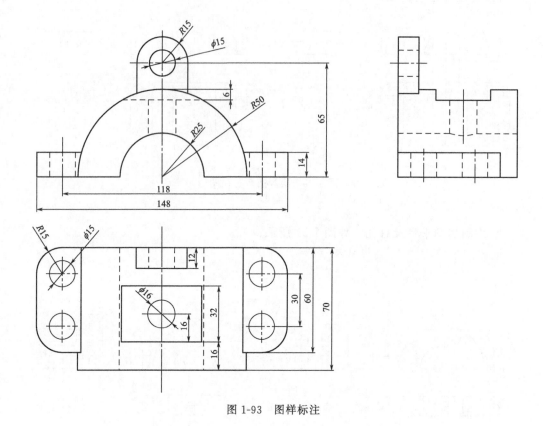

图 1-93　图样标注

### 3. 操作步骤

（1）绘制平面图形

① 请根据平面图形的绘制【例 1-6】，如图 1-69 的绘图步骤，绘制实训图，文件以"班级＋姓名＋实训图 2"命名，保存在桌面，且根据要求提交。

② 请根据平面图形的绘制【例 1-7】，如图 1-75 的绘图步骤，绘制实训图，文件以"班级＋姓名＋实训图 3"命名，保存在桌面，且根据要求提交。

（2）绘制三视图

① 请根据三视图的绘制【例 1-8】，如图 1-82 的绘图步骤，绘制任意大小五棱柱切割体，保存在桌面，文件以"班级＋姓名＋实训图 4"命名。

② 请根据三视图的绘制【例 1-9】，如图 1-86 的绘图步骤，绘制三视图，保存在桌面，文件以"班级＋姓名＋实训图 5"命名。

# 模块二 绘制化工专业图

本模块为化工专业学习者需掌握的内容，模块二以模块一中的制图标准、投影规律和物件的表达方法为依据应用于化工流程图、化工设备图等。

【学习目标】

① 掌握工艺流程图、车间设备布置图、管道布置图、化工设备装配图的阅读方法及简易画法。

② 通过图样了解化工生产的基本原理，为就业做好充足的技能准备。

③ 深入理解化工生产在国内的重要性，增强学习者对化工行业的认同感。

## 实训一　绘制工艺流程图

**1. 任务目标**

① 了解工艺流程图的绘图步骤和演化过程。

② 掌握工艺流程图中设备轮廓、管线、阀门、仪表、管件的画法，了解管道标号、设备位号、仪表功能字母代号的意义。

③ 能够根据生产实际现场装备绘制工艺流程图。

④ 能够绘制物料流程图。

**2. 任务分析**

（1）方案流程图

化工生产从原料到制成目标产品，要经过一系列物理和化学加工处理步骤。方案流程图也称工艺方块图，不仅可以概略反映设计人员的设计意图，也是进行装置安装、了解工艺过程和指导生产依据的技术文件之一，因此是进行工艺流程交流的重要工具。

方案流程图的绘制步骤如下。

① 根据原料转化为产品的顺序，自左向右、从上到下用细实线绘出反映单元操作、反应过程或车间、设备的矩形，次要车间或设备按需要可以忽略。要保持它们的相对大小，同时各矩形间应保持适当的位置，以便布置工艺流程线。

② 用带箭头的细实线在各矩形间绘出物料的工艺流程线，箭头的指向要和物料的

流向一致,并在起始和终了处用文字注明物料的名称或物料的来源、去向。

③ 若两条工艺流程线在图上相交而实际并不相交,应在相交处将其中一条线断开绘出。

④ 流程线可加注必要的文字说明,如原料来源、产品、中间产物、废物去向等。

(2) 首页图

首页图用于单独的具体实训中,用于表示该实训中所用到的化工设备、管道、仪表、参数标注等的统一标准,一般都与国标相同,因标准新旧更替,有个别图例与最新标准稍有不同属正常现象。

化工工艺设计施工图图线用法及宽度如表 2-1 所示。

表 2-1 化工工艺设计施工图图线用法及宽度 (HG/T 20519—2009)

| 类别 | 图线宽度/mm | | | 备注 |
|---|---|---|---|---|
| | 0.6～0.9 | 0.3～0.5 | 0.15～0.25 | |
| 工艺管道及仪表流程图 | 主物料管道 | 其它物料管道 | 其它 | 设备、机器轮廓线 0.25mm |
| 辅助管道及仪表流程图<br>公用系统管道及仪表流程图 | 辅助管道总管<br>公用系统管道总管 | 支管 | 其它 | |
| 设备布置图 | 设备轮廓 | 设备支架<br>设备基础 | 其它 | 动设备(机泵等)如只绘出设备基础,图线宽度用 0.6～0.9mm |
| 设备管口方位图 | 管口 | 设置轮廓<br>设备支架<br>设备基础 | 其它 | |
| 管道布置图 | 单线<br>(实线或虚线) | 管道 | 法兰、阀门及其它 | |
| | 双线<br>(实线或虚线) | 管道 | | |
| 管道轴测图 | 管道 | 法兰、阀门、承插焊螺纹连接的管件的表示线 | 其它 | |
| 设备支架图<br>管道支架图 | 设备支架及管架 | 虚线部分 | 其它 | |
| 特殊管件图 | 管件 | 虚线部分 | 其它 | |

注:凡界区线、区域分界线、图形接续分界线的图线采用双点画线,宽度均用 0.5mm。

(3) 一般工艺流程图

一般工艺流程图也称流程草图,是为下一步绘制详图做的预备图样。一般工艺流程图是以图的形式(工程的语言)表示出设计者的设计思想,包括原料从进厂到出厂的全过程流程、物料和能量发生的变化、生产过程采用了哪些单元设备及计量控制等。

一般工艺流程图是设计的核心,决定了整个建设的先进性、合理性、总投资等。作为化工专业的专科毕业生,进入企业的第一步是了解企业的生产工艺和安全,所以掌握一般工艺流程图的画法至关重要。

一般工艺流程图的绘制步骤如下。

① 定图幅、定边框。

② 定布局。一般将横向图纸分为七行六列，按图 2-1 布局；流程图基准采用设备的环形焊缝和机器的底座，均匀合理地进行布局。

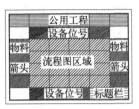

图 2-1　布局

注意：

a. 设备和机器相对大小要合适。

b. 设备和图纸的相对大小要合适。

c. 给管道留足够空间。

d. 设备和机器简图绘制完整；部分简图参照图 2 2 进行。

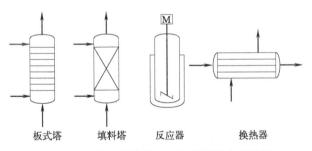

图 2-2　流程图中的设备、机器简图典型图例

e. 管道布置。遵循实际物料走向，自始至终一根一根连接完，且不可局部连线；不要绘制箭头和阀门；不要进行标注。

f. 绘制物料箭头，遵循实际物料走向，自始至终一根一根连接完，且不可局部连线。

(4) 物料流程图 (PFD)

物料流程图是在一般工艺流程图的基础上，用图形和表格相结合的形式，反映设计中物料衡算和热量衡算的结果。

物料流程图的绘图步骤如下。

① 在一般工艺流程图的流股起始处注明物料代号。

② 在物料产生变化的设备后注明物料代号。

③ 左下角根据物料代号填写衡算数据。

(5) 带控制点的工艺流程图 (PID)

带控制点的工艺流程图也叫工艺管道及仪表流程图或者施工流程图，是在一般工艺流程图的基础上绘制的内容较为详尽的一种工艺流程图，也是施工安装和生产操作的主要参考依据。

1) 带控制点的工艺流程图中的仪表控制点表示方法：化工生产过程中，须对管路或设备内不同位置、不同时间流经的物料的压力、温度、流量等参数进行测量、显示，或进行取样分析。在带控制点工艺流程图中，仪表控制点用符号表示，并从其安装位置引出。符号包括图形符号和仪表位号，它们组合起来表达仪表功能、被测变量和检测方法等。

① 图形符号。控制点的图形符号用一个细实线的圆（直径约 10mm）表示，并用细实线连向设备或管路上的测量点，如图 2-3 所示。图形符号上还可表示仪表不同的安装位置，如图 2-4 所示。

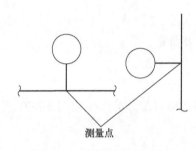

图 2-3 仪表的图形符号

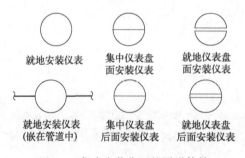

图 2-4 仪表安装位置的图形符号

② 仪表位号。仪表位号由字母与阿拉伯数字组成：第一位字母表示被测变量，后续字母表示仪表的功能，一般用三位或四位数字表示工段号和仪表序号，如图 2-5 所示。被测变量及仪表功能的字母组合示例，在图形符号中，字母填写在圆圈内的上部，数字填写在下部，如图 2-6、表 2-2 所示。

图 2-5 仪表位号组成

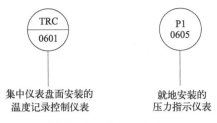

图 2-6 仪表位号表示方法

表 2-2 被测变量及仪表功能的字母组合示例

| 仪表功能 | 被测变量 | | | | | | | | |
|---|---|---|---|---|---|---|---|---|---|
| | 温度 | 温差 | 压力或真空 | 压差 | 流量 | 流量比率 | 分析 | 密度 | 黏度 |
| 指示 | TI | TdI | PI | PdI | FI | FfI | AI | DI | DI |
| 指示、控制 | TIC | TdIC | PIC | PdIC | FIC | FfIC | AIC | DIC | DIC |
| 指示、报警 | TIA | TdIA | PIA | PdIA | FIA | FfIA | AIA | DIA | DIA |
| 指示、开关 | TIS | TdIS | PIS | PdIS | FIS | FfIS | AIS | DIS | DIS |
| 记录 | TR | TdR | PR | PdR | FR | FfR | AR | DR | VR |
| 记录、控制 | TRC | TdRC | PRC | PdRC | FRC | FfRC | ARC | DRC | VRC |
| 记录、报警 | TRA | TdRA | PRA | PdRA | FRA | FfRA | ARA | DRA | VRA |
| 记录、开关 | TRS | TdRS | PRS | PdRS | FRS | FfRS | ARS | DRS | VRS |
| 控制 | TC | TdC | PC | PdC | FC | FfC | AC | DC | VC |
| 控制、变速 | TCT | TdCT | PCT | PdCT | FCT | — | ACT | DCT | VCT |

2) 带控制点的工艺流程图中管路的表示方法。带控制点工艺流程图中应画出所有管路, 即各种物料的流程线。流程线是工艺流程图的主要表达内容。主要物料的流程线用粗实线表示, 其它物料的流程线用中实线表示, 各种不同型式的图线在工艺流程图中的应用见表 2-3。流程线应画成水平或垂直, 转弯时画成直角, 一般不用斜线或圆弧。流程线交叉时, 应将其中一条断开。一般同一物料线交错, 按流程顺序"先不断、后断"; 不同物料线交错时, 主物料线不断, 辅助物料线断, 即"主不断、辅断"。

表 2-3 管道、管件、阀门及线型表示示例

| 管道 | | 管件 | | 阀门 | |
|---|---|---|---|---|---|
| 名称 | 图例 | 名称 | 图例 | 名称 | 图例 |
| 主要物料管路 | ▬▬▬ | 同心异径管 | ▷ | 截止阀 | ⋈ |
| 辅助物料管路 | ——— | 偏心异径管 | (底平) (顶平) | 闸阀 | ⋈ |
| 原有管路 | ——— | 管端盲管 | —— | 节流阀 | ◤◢ |
| 仪表管路 | - - - | 管端法兰(盖) | ‖ | 球阀 | ⋈ |

续表

| 管道 | | 管件 | | 阀门 | |
|---|---|---|---|---|---|
| 名称 | 图例 | 名称 | 图例 | 名称 | 图例 |
| 蒸汽伴热管路 | ----------- | 放空管 | ↑ ↰ | 旋塞阀 | ⧓ |
| 电伴热管路 | ─────── | 漏斗 | ⍗ ⍰ <br> (敞口) (封闭) | 碟阀 | ⌧ |
| 夹套管 | ═════ | 视镜 | ⊘ | 止回阀 | ⋈ |
| 可拆短管 | ── ── | 圆形盲板 | ○⊢ ●⊢ <br> (正常开启) (正常关闭) | 角式截止阀 | ⌃ |
| 柔性管 | ∿∿∿∿ | 管帽 | ⊐ | 三通截止阀 | ⌥ |

对每段管路必须标注管路代号，一般横向管路标在管路的上方，竖向管路则标注在管路的左方（字头朝左）。管路代号一般包括物料代号（表2-4）、车间（工段）号、管段序号、管径、壁厚等内容，必要时，还可注明管路压力等级、管路材料、隔热或隔声等代号，如图2-7所示。

表2-4 物料代号

| 代号 | 物料名称 | 代号 | 物料名称 | 代号 | 物料名称 | 代号 | 物料名称 |
|---|---|---|---|---|---|---|---|
| A | 空气 | F | 火炬排放气 | LO | 润滑油 | R | 冷冻剂 |
| AM | 氨 | FG | 燃料气 | LS | 低压蒸汽 | RO | 原料油 |
| BD | 排污 | FO | 燃料油 | MS | 中压蒸汽 | RW | 原水 |
| BF | 锅炉给水 | FS | 熔盐 | NG | 天然气 | SC | 蒸汽冷凝水 |
| BR | 盐水 | GO | 填料油 | N | 氮 | SL | 泥浆 |
| CS | 化学污水 | H | 氢 | O | 氧 | SO | 密封油 |
| CW | 循环冷却水上水 | HM | 载热体 | PA | 工艺空气 | SW | 软水 |
| DM | 脱盐水 | HS | 高压蒸汽 | PG | 工艺气体 | TS | 伴热蒸汽 |
| DR | 排液、排水 | HW | 循环冷却水回水 | PL | 工艺液体 | VE | 真空排放气 |
| DW | 饮用水 | IA | 仪表空气 | PW | 工艺水 | VT | 放空气 |

3）带控制点的工艺流程图绘图步骤。

① 完成一般工艺流程图（按一般流程图步骤绘制到物料箭头部分）。

② 标注每段管道。

③ 绘制所有阀门和就地安装仪表。

④ 绘制设备的自动控制阀门、信号线和电路。

⑤ 标注设备位号。

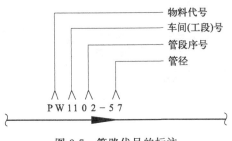

图 2-7 管路代号的标注

至此，工艺流程图绘制完毕。

**3. 操作步骤**

（1）绘制方案流程图

手工绘制完成图 2-8～图 2-10，要求如下：

① A4 图幅。

② 不留装订边边框。

③ 标题栏。

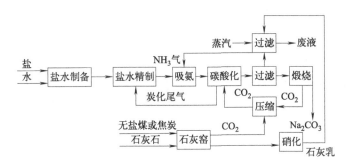

图 2-8 制碱方案流程图图样

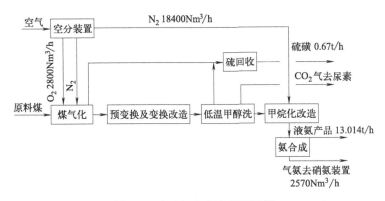

图 2-9 合成氨方案流程图图样

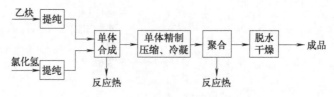

图 2-10 聚氯乙烯方案流程图图样

再用 CAD 绘制完成图 2-8，要求如下：
① A3 图幅。
② 有装订边边框。
③ 标题栏。
（2）绘制首页图
手工绘制完成图 2-11，要求如下：
① A3 图幅。
② 不留装订边边框。
③ 标题栏。
用 CAD 绘制完成图 2-11，要求如下：
① A3 图幅。
② 有装订边边框。
③ 标题栏。
（3）绘制一般流程图
手工绘制完成图 2-12、图 2-13，要求如下：
① A4 图幅。
② 不留装订边边框。
③ 标题栏。
（4）绘制物料流程图
用 CAD 绘制完成图 2-14，要求如下：
① A2 图幅。
② 有装订边边框。
③ 标题栏。

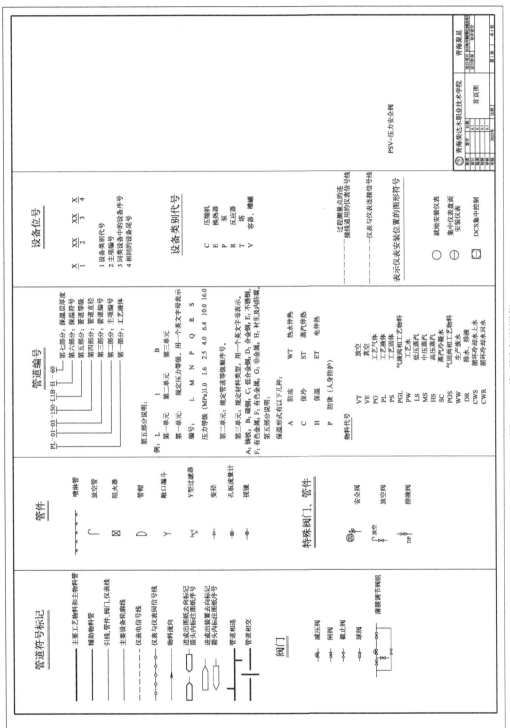

图 2-11 首页图实训图样

姓名　　　学号　　　班级

粘贴页

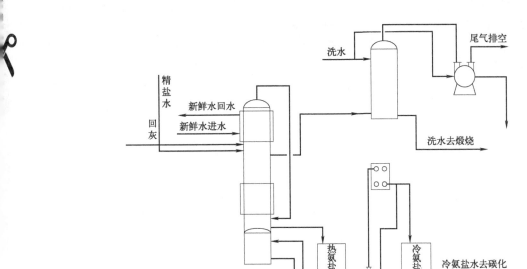

图 2-12　氨碱法吸氨工序一般流程图实训图样

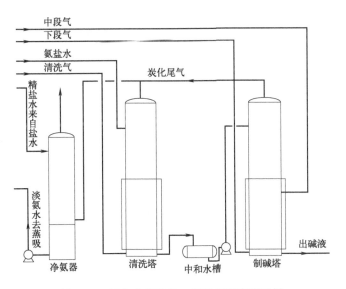

图 2-13　氨盐水碳酸化一般流程图实训图样

（5）绘制带控制点的工艺流程图

用手工绘制完成图 2-14，要求如下：
① A3 图幅。
② 不留装订边边框。
③ 标题栏。

用 CAD 绘制完成图 2-15～图 2-17，要求如下：
① A2 图幅。
② 有装订边边框。
③ 标题栏。

姓名　　学号　　班级

粘贴页

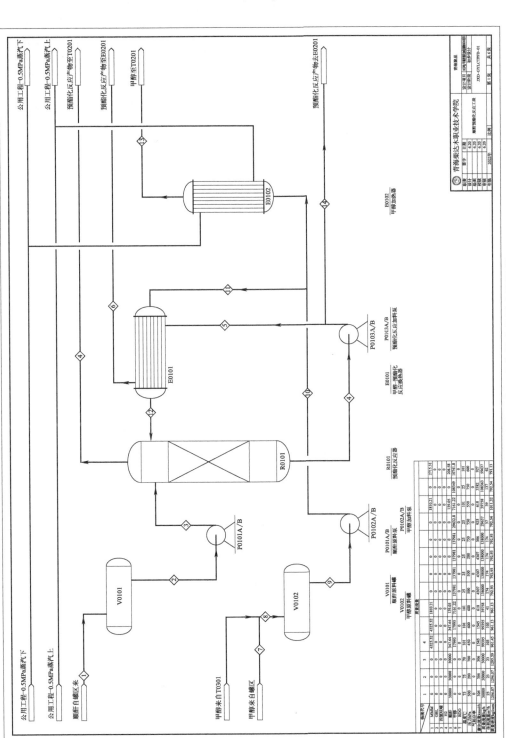

图 2-14 顺酐预酯化反应工段物料流程图实训图样

姓名　　　学号　　　班级

粘贴页

粘贴页

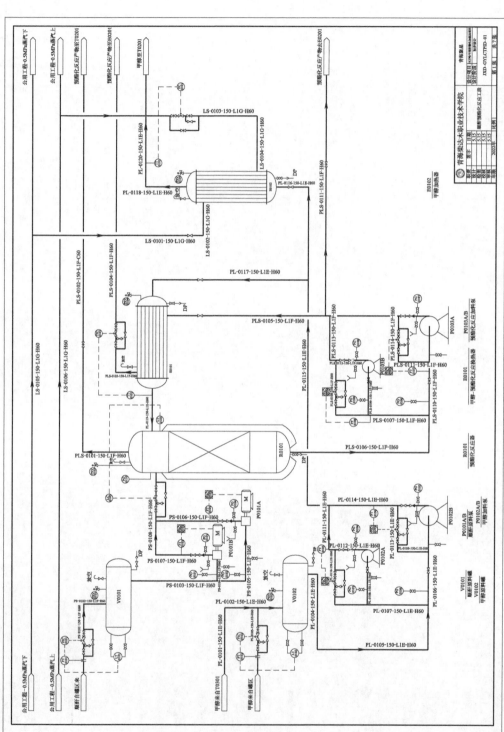

图 2-15 带控制点的工艺流程图实训图样（1）

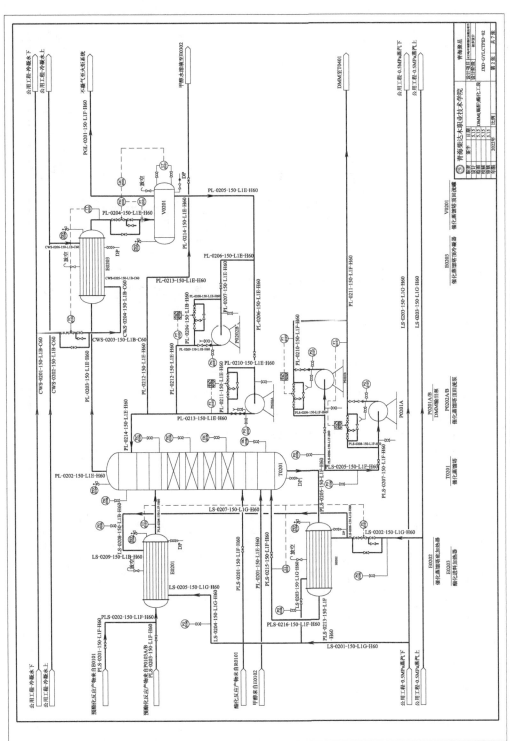

图 2-16 带控制点的工艺流程图实训图样（2）

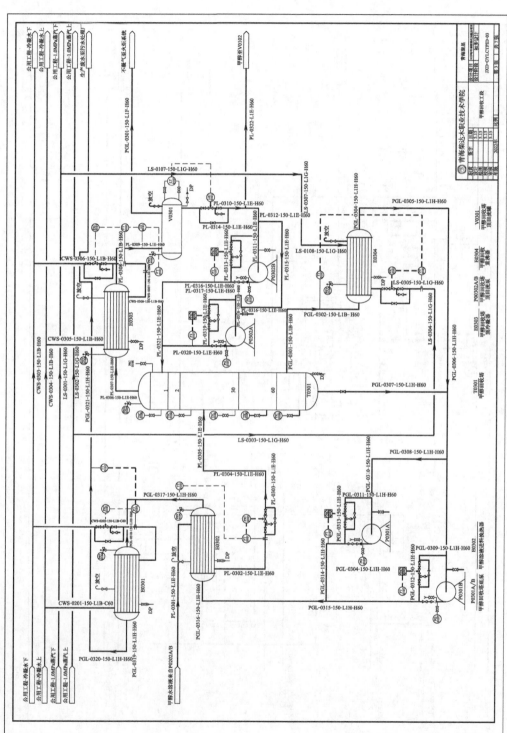

图 2-17 带控制点的工艺流程图实训图样（3）

## 实训二　绘制车间设备布置图

**1. 任务目标**

① 了解车间内设备布置的原则和常用规范。
② 掌握车间和设备的平面图画法和立面图画法。
③ 阅读车间设备布置图，能够根据图纸准确找到相关设备。
④ 理论联系实际，既要会画图还要会用图。
⑤ 激发学习者的设计思维和全局思维。

**2. 任务分析**

（1）建筑图样画法

建筑图是用以表达建筑设计意图和指导施工的图样。它将建筑物的内外形状、大小及各部分的结构、装饰、设备等，按技术制图国家标准和国家工程建设标准（GBJ）规定，用正投影法准确而详细地表达出来，如图2-18所示。

图2-18　房屋建筑图

1）视图。建筑图样的一组视图主要包括平面图、立面图和剖面图。

① 平面图。是假想用水平面沿略高于窗台的位置剖切建筑物而绘制的剖视图，用于反映建筑物的平面格局、房间大小和墙、柱、门、窗等，是建筑图样一组视图中主要的视图。对于楼房，通常需分别绘制出每一层的平面图，平面图不需标注剖切位置。

② 立面图。建筑制图中将建筑物的正面、背面和侧面投影图称为立面图，用于表达建筑物的外形和墙面装饰。

③ 剖面图。是用正平面或侧平面剖切建筑物而画出的剖视图，用以表达建筑物内部在高度方向的结构、形状和尺寸。剖面图须在平面图上标注出剖切符号。建筑图中，剖面符号常常省略或以涂色代替。

建筑图样的每一视图一般在图形下方标注出视图名称。

2）定位轴线。建筑图中对建筑物的墙、柱位置用细点画线画出，并加以编号。编号用带圆圈（直径8mm）的阿拉伯数字（长度方向）或大写拉丁字母（宽度方向）表示。

3）尺寸。厂房建筑应标注建筑定位轴线间尺寸和各楼层地面的高度。建筑物的高度尺寸采用标高符号标注在剖面图上，一般以底层室内地面为基准标高，标记为±00.000，高于基准时标高为正，低于基准时标高为负，标高数值以 m 为单位，小数点后取三位，单位省略不注。其它尺寸以 mm 为单位，其尺寸线终端通常采用斜线形式，并往往注成封闭的尺寸链，图样中的二层平面图。

④ 由于建筑构件、配件和材料种类较多，且许多内容没必要或不可能以真实尺寸严格按投影作图。为作图简便起见，国家工程建设标准规定了一系列的图形符号（即图例），来表示建筑构件、配件、卫生设备和建筑材料，见表 2-5 所示。

表 2-5 建筑图常见图例

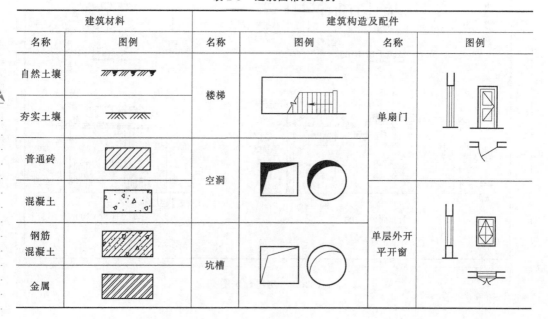

(2) 设备布置图画法

设备布置图实际上是在简化了的厂房建筑图的基础上增加了设备布置的内容。如图 2-19 为醋酸酐残液蒸馏岗位的设备布置图。由于设备布置图的表达重点是设备的布置情况，所以用粗实线表示设备，而厂房建筑的所有内容均用细实线表示。

① 设备布置图的内容：从图 2-19 醋酸酐残液蒸馏中可以看出，设备布置图包括以下内容。

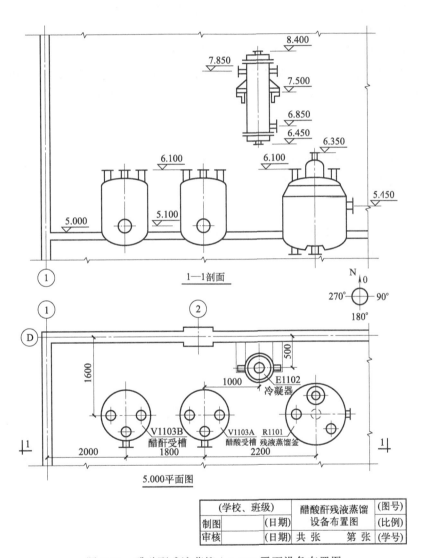

图 2-19　醋酸酐残液蒸馏＋5.000 平面设备布置图

a. 一组视图。一组视图主要包括设备布置平面图和剖面图，表示厂房建筑的基本结构和设备在厂房内外的布置情况。必要时还应画出设备的管口方位图。

b. 必要的标注：设备布置图中应标注出建筑物的主要尺寸，建筑物与设备之间、设备与设备之间的定位尺寸，厂房建筑定位轴线的编号、设备的名称和位号，以及注写必要的说明等。

c. 安装方位标：安装方位标也叫设计北向标志，是确定设备安装方位的基准，一般将其画在图样的右上方或平面图的右上方。

d. 标题栏：注写图名、图号、比例及签字等。

② 设备布置平面图：设备布置平面图用来表示设备在水平面内的布置情况。当厂房为多层建筑时，应按楼层分别绘制平面图。设备布置平面图通常要表达出如下内容：

a. 画出所有设备的水平投影或示意图，反映设备在厂房建筑内外的布置位置，并标注出位号和名称。

b. 各设备的定位尺寸以及设备基础的定形和定位尺寸。

③ 设备布置剖面图：设备布置剖面图是在厂房建筑的适当位置纵向剖切绘出的剖视图，用来表达设备沿高度方向的布置安装情况。剖面图一般应反映如下的内容：

a. 厂房建筑高度方向上的结构，如楼层分隔情况、楼板的厚度及开孔，以及设备基础的立面形状注出定位轴线尺寸和标高。

b. 画出有关设备的立面投影或示意图，反映其高度方向上的安装情况。

c. 厂房建筑各楼层、设备和设备基础的标高。

**3. 操作步骤**

根据任务要求绘制设备布置图实训图样

手工绘制完成图 2-20～图 2-24，要求如下。

① A4 图幅。

② 不留装订边边框。

③ 标题栏。

用 CAD 绘制完成图 2-20～图 2-24，要求如下。

① A3 图幅。

② 有装订边边框。

③ 标题栏。

姓名　　学号　　班级

**粘贴页**

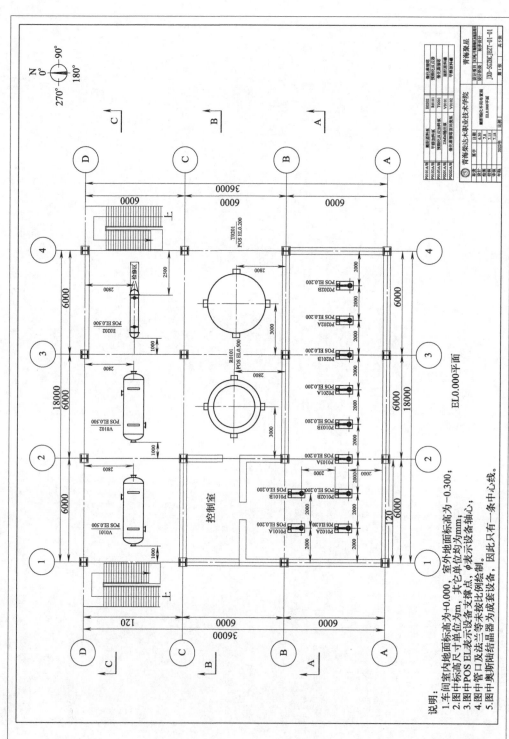

图 2-20　预处理反应车间+0.000 平面设备布置图

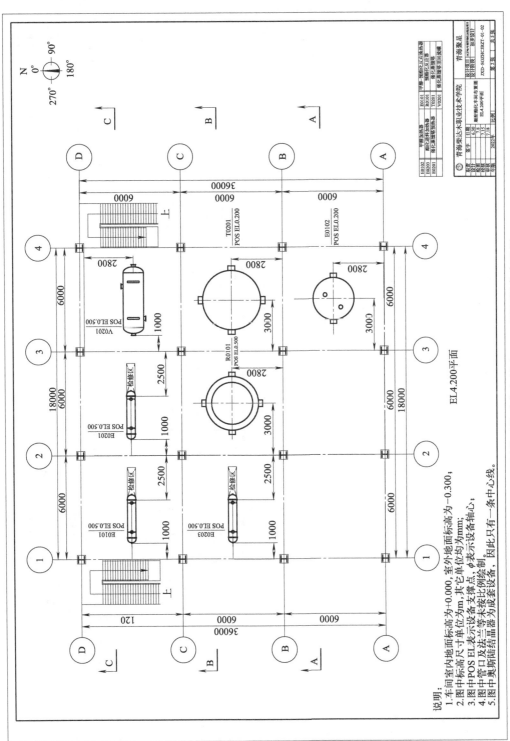

图 2-21 预处理及反应车间 +9.000 平面设备布置图

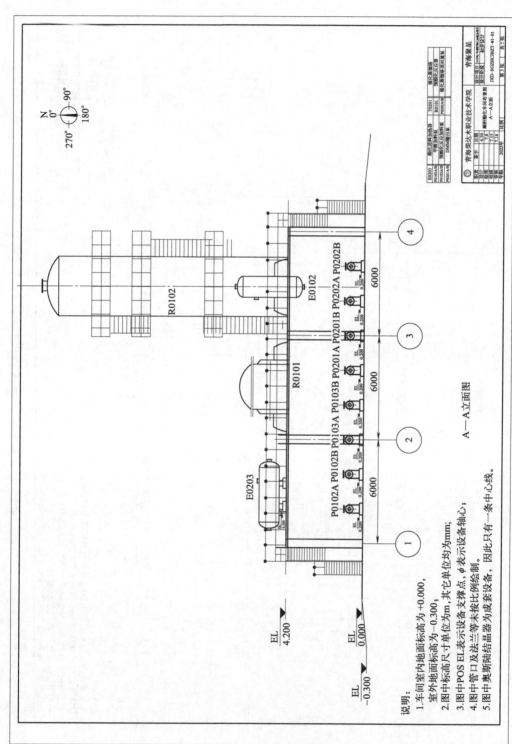

图 2-22 预处理反应车间 +15.000 平面设备布置图

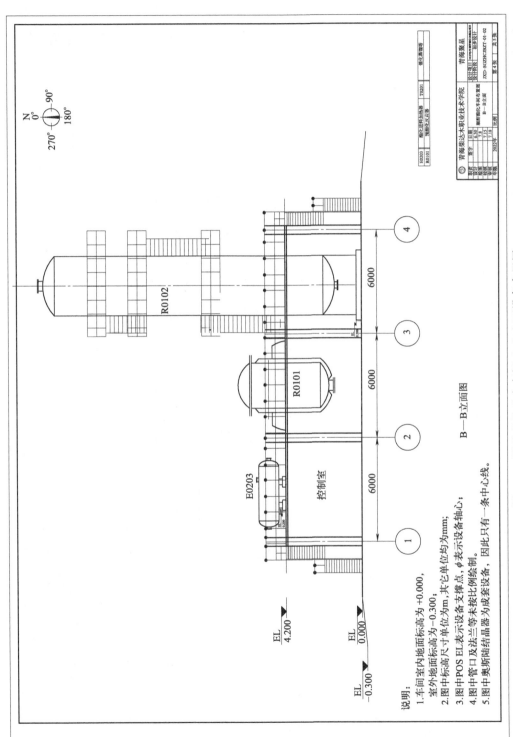

图 2-23 预处理及反应车间 A-A 立面设备布置图

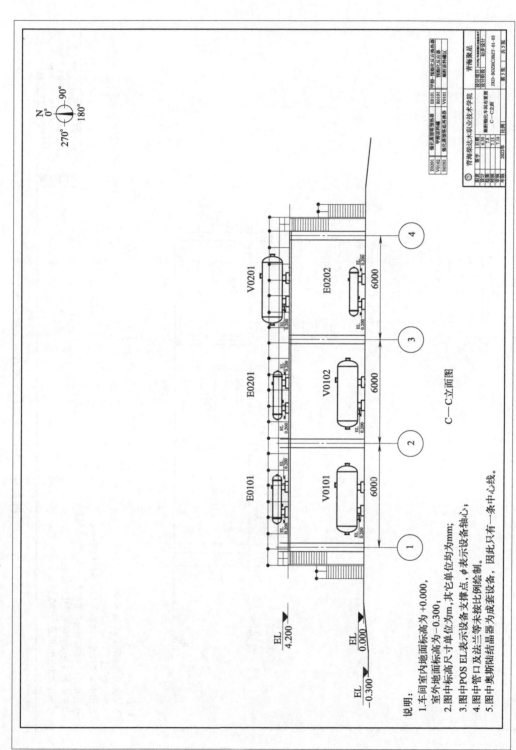

图 2-24 预处理反应车间 C—C 立面设备布置图

## 实训三 绘制管道布置图

**1. 任务目标**

① 掌握管道的图示方法。
② 阅读管道布置图,能够依照图样施工。
③ 理论联系实际,既要会画图还要会用图。
④ 注重图样细节表达,培养专注严谨的工作作风.

**2. 任务分析**

(1) 管路布置图内容

管路布置图是在设备布置图的基础上画出管路、阀门及控制点,表示厂房建筑内外各设备之间管路的连接走向和位置,以及阀门、仪表控制点的安装位置的图样。管路布置图又称为管路安装图或配管图,用于指导管路的安装施工。

图 2-25 为醋酐残液蒸馏段的管路布置图,从中看出,管路布置图一般包括以下内容。

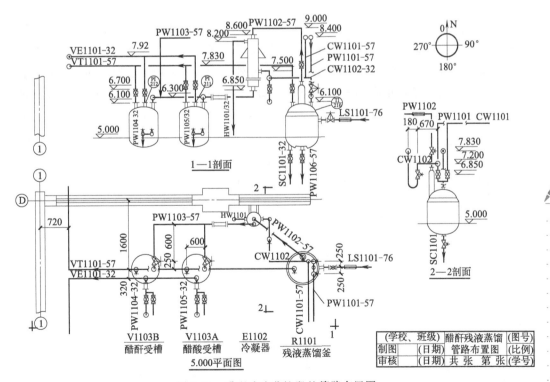

图 2-25 醋酐残液蒸馏段的管路布置图

① 一组视图：表达整个车间（装置）的设备、建筑物的简单轮廓，以及管路、管件、阀门、仪表控制点等的布置安装情况。和设备布置图类似，管路布置图的一组视图主要包括管路布置平面图和剖面图。

② 标注：包括建筑物定位轴线编号、设备位号、管路代号、控制点代号，建筑物和设备的主要尺寸，管路、阀门、控制点的平面位置尺寸和标高及必要的说明等。

③ 方位标：表示管路安装的方位基准。

④ 标题栏：注写图名、图号、比例及签字等。

（2）管路的图示方法

① 管路的画法规定。管路布置图中，管路是图样表达的主要内容，因此用粗实线表示。在管路的断开处应画出断裂符号，如图 2-26 所示。

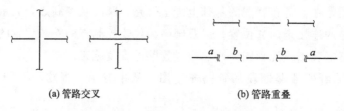

(a) 管路交叉　　　　　　　　(b) 管路重叠

图 2-26　管路交叉和重叠画法

② 管路转折。管路大都通过 90°弯头实现转折。在反映转折的投影中，转折处用圆弧表示。在其他投影图中，转折处画一细实线小圆表示。为了反映转折方向，规定当转折方向与投射方向一致时，管线画入小圆至圆心处；当转折方向与投射方向相反时，管线不画入小圆内，而在小圆内画一圆点，如图 2-27（a）、（b）所示。管路两次转折和多次转折跟单次转折基本原理一样，如图 2-28（a）、(b)、图 2-29（a）、(b) 所示。

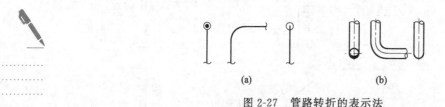

(a)　　　　　　　　(b)

图 2-27　管路转折的表示法

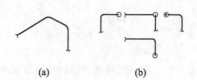

(a)　　　　(b)

图 2-28　管路两次转折的实例

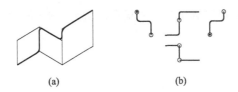

图 2-29 管路多次转折的实例

【例 2-1】 已知一管路的平面图如图 2-30（a）所示，试分析管路走向，并画出正立面图和左立面图（高度尺寸自定）。

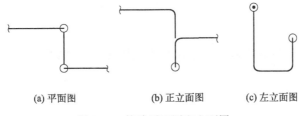

图 2-30 管路平面图和立面图

分析：由平面图可知，该管路的空间走向为：自左向右→向下→向前→向上→向右。

根据上述分析，可画出该管路的正立面图和左立面图。

【例 2-2】 已知一管路的平面图和正立面图，如图 2-31 所示，试画出左立面图。

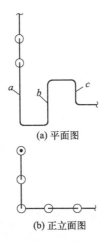

图 2-31 管路平面图和正立面图

分析：由平面图可知，该管路的空间走向为：从上至下→向前→向下→向前→向下→向右→向上→向右→向下→向右。

根据以上分析，可画出该管路的左立面图，如图 2-32 所示。其中有三段管路重叠，应采用断开显露法。

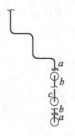

图 2-32　管路左立面图

① 管路连接。两段直管相连接通常有法兰连接、承插连接、螺纹连接和焊接等四种型式，如图 2-33 所示。

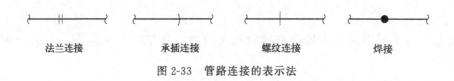

图 2-33　管路连接的表示法

② 阀门。管路布置图中的阀门，与工艺流程图类似，仍用图形符号表示。一般在阀门符号上表示出控制方式、安装方位及阀门在管路中的画法如图 2-34 所示。

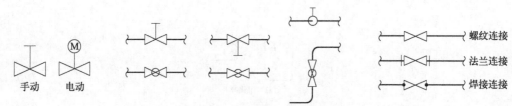

图 2-34　阀门在管路中的画法

③ 管件。管路一般用弯头、三通管、四通管、管接头等管件连接，常用管件的图形符号如图 2-35 所示。

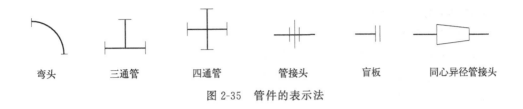

图 2-35 管件的表示法

④ 管架。管路常用各种型式的管架安装、固定在地面或建筑物上的，图中一般用图形符号表示管架的类型和位置，如图 2-36 所示。

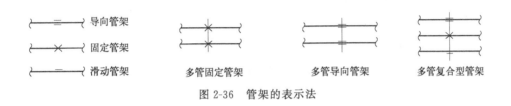

图 2-36 管架的表示法

(3) 管路布置图画法

管路布置图应表示出厂房建筑的主要轮廓和设备的布置情况，即在设备布置图的基础上再清楚地表示出管路、阀门及管件、仪表控制点等。

管路布置图的表达重点是管路，因此图中管路用粗实线表示，而厂房建筑、设备的轮廓一律用细实线表示，管路上的阀门、管件、控制点等符号用细实线表示。

管路布置图的一组视图以管路布置平面图为主。平面图的配置，一般应与设备布置图中的平面图一致，即按建筑标高平面分层绘制。各层管路布置平面图将厂房建筑剖开，而将楼板（或屋顶）以下的设备、管路等全部画出，不受剖切位置的影响。当某一层管路上、下重叠过多，布置比较复杂时，也可再分层分别绘制。

在平面图的基础上，选择恰当的剖切位置画出剖面图，以表达管路的立面布置情况和标高。必要时还可选择立面图、向视图或局部视图，对管路布置情况进一步补充表达。为使表达简单且突出重点，常采用局部的剖面图或立面图。

下面说明管路布置图的绘图步骤。

1) 确定表达方案。应以施工流程图和设备布置图为依据，确定管路布置图的表达方法。

2) 确定比例。选择图幅，合理布局。表达方案确定之后，根据尺寸大小及管路布置的复杂程度，选择恰当的比例和图幅，合理布置视图。

3) 绘制视图。画管路布置平面图和剖面图时的步骤为：

① 用细实线按比例画出厂房建筑的主要轮廓。

② 用细实线按比例画出带管口的设备示意图。

③ 用粗实线画出管路。

④ 用细实线画出管路上各管件、阀门和控制点。

4) 图样的标注：包括：

① 标注各视图的名称。

② 在各视图上标注厂房建筑的定位轴线。

③ 在剖面图上标注厂房、设备及管路的标高。

④ 在平面图上标注厂房、设备和管路的定位尺寸。

⑤ 标注设备的位号和名称。

⑥ 标注管路，对每一管段用箭头指明介质流向，并以规定的代号形式注明各管段的物料名称、管路编号及规格等。

5) 绘制方向标、填写标题栏：在图样的右上角或平面布置图的右上角画出方向标，作为管路安装的定向基准；最后填写标题栏。

### 3. 操作步骤

绘制图 2-37 的管段图，要求如下：

① 找出五根有特点的管道手工画出管段图。

② A4 图幅。

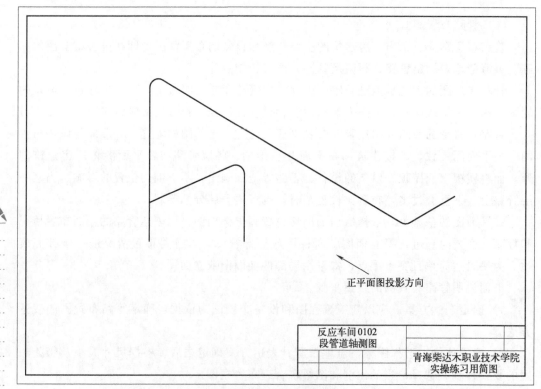

图 2-37 管路布置轴测图

姓名　　　学号　　　班级

粘贴页

姓名　　　学号　　　班级

粘贴页

## 实训四　绘制典型化工设备装配图

**1. 任务目标**

① 掌握化工设备的基本结构和工作原理。
② 掌握管口表和技术特性表的内容。
③ 阅读化工设备图，能够根据图样进行设备验收和维修。
④ 阅读焊缝详图，能够根据图样进行焊接施工。
⑤ 理论联系实际，既要会画图还要会用图。
⑥ 注重图样细节表达，培养专注严谨的工作作风。

**2. 任务分析**

（1）化工设备图的内容

化工设备是用于化工产品生产过程中的合成、分离、结晶、过滤、吸收等生产单元的装备和设备。常用的几种典型化工设备有：容器、反应器、换热器和塔器等。

化工设备图包括总图、装配图、部件图、零件图管口方位图等。

化工设备图也是按"正投影法"原理和国家标准《技术制图》《机械制图》的规定绘制的。因而，机械制图的各种表达方法都适用于化工设备图。由于化工生产特殊性，化工设备的结构、形状具有某些特点，化工设备图除了采用机械制图的表达方法外，还采用了一些特殊的表达方法。

装配图是化工设备制造、装配、安装、检验等工作的主要图样。应包括以下几方面的内容：

① 一组视图：用以表达设备的结构、形状和零部件之间的装配连接关系。
② 必要的尺寸：用以表达设备的大小、性能、规格等。
③ 管口符号和管口表。
④ 技术特性表和技术要求：用表格形式列出设备的主要工艺特性，如操作压力、温度、物料名称、设备容积等；用文字说明设备在制造、检验、安装等方面的要求。
⑤ 明细栏及标题栏。

图 2-38 是一张完整的化工设备装配图，列出了装备图应表达的所有内容。

（2）化工设备图的常用表达方法

1）化工设备的特点：各种化工设备由于化工工艺要求不同，其结构形式、形状大小和安装方式各有差异，但构成设备的基本形体，及所采用的许多通用零部件却有共同的特点。

① 基本形体以回转体为主：
a. 各部结构尺寸大小相差悬殊。
b. 壳体上开孔和管口多。
c. 广泛采用标准化零部件。

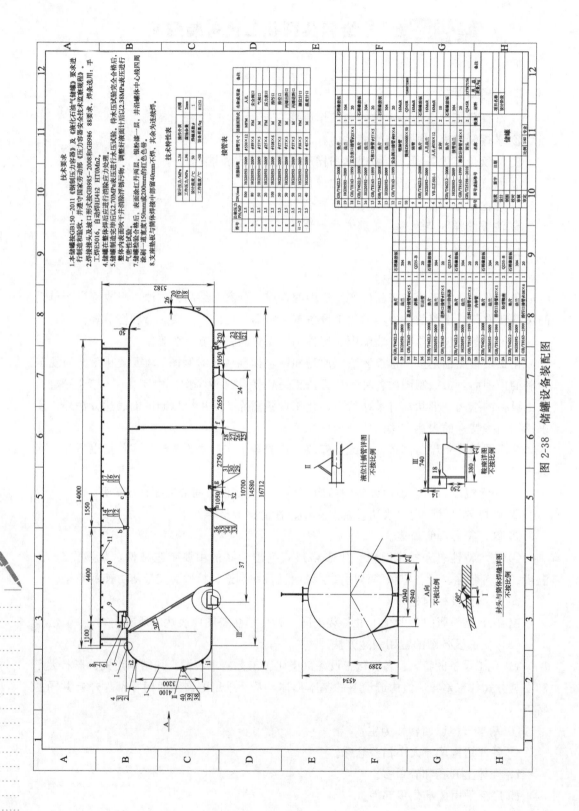

图 2-38 储罐设备装配图

d. 采用焊接结构多。

e. 对材料有特殊要求。

f. 防泄漏安全结构要求高。

② 视图配置灵活：

a. 化工设备图的视图配置灵活，其俯（左）视图可以配置在图面上任何适当的位置，但必须注明"俯（左）视图"的字样。

b. 当设备结构复杂，所需视图较多时，允许将部分视图画在数张图纸上，但主视图及该设备的明细栏、管口表、技术特性表、技术要求等内容均应安排在第一张图样上。

c. 当化工设备结构比较简单，且多为标准件时，允许将零件图与装配图画在同一张图样上。如果设备图已经表达清楚，也可以不画零件图。

2) 细部结构的表示方法：设备上某些细小的结构，按总体尺寸所选定的比例无法表达清楚时，可采用局部放大的画法，其画法和标注与机械图相同。必要时，还可采用几个视图表达同一细部结构，如图 2-39 所示。

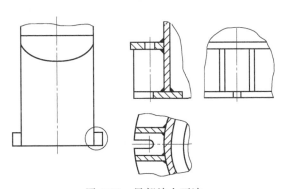

图 2-39 局部放大画法

设备中尺寸过小的结构（如薄壁、垫片、折流板等），无法按比例画出时，可采用夸大画法，即不按比例、适当地夸大画出它们的厚度或结构。

3) 断开、分段（层）及整体图的表达方法：当设备总体尺寸很大，又有相当部分的结构形状相同（或按规律变化时），可采用断开画法。如图 2-40 所示的填料塔设备，采用了断开画法，图中断开省略部分是填料层（用符号简化表示），该部分的形状、结构完全相同。

4) 分层画法：有些设备（如塔器）形体较长，又不适于用断开画法。为了合理选用比例和充分利用图纸，可把整个设备分成若干段（层）画出，如图 2-41 所示。

为了表达设备的完整形状、有关结构的相对位置和尺寸，可采用设备整体的示意画法，即按比例用单线（粗实线）画出设备外形和必要的设备内件，并标注设备的总体尺寸、接管口、人（手）孔的位置等尺寸。

5) 多次旋转的表达方法：由于设备壳体四周分布有各种管口和零部件，为了在主

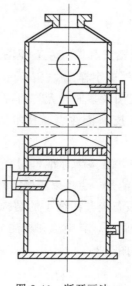

图 2-40 断开画法

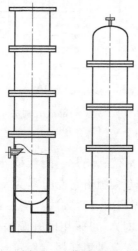

图 2-41 分层画法

视图上清楚地表达它们的形状和轴向位置，主视图可采用多次旋转的画法，即假想将设备上不同方位的管口和零部件，分别旋转到与主视图所在的投影面平行的位置，然后进行投射，以表示这些结构的形状、装配关系和轴向位置，如图 2-42 所示。

采用多次旋转的表达方法时，一般不作标注。这些结构的轴向方位以管口方位图（或俯、左视图）为准。

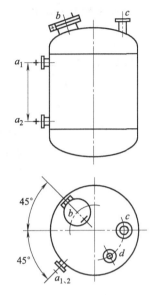

图 2-42 多次旋转的表达方法

6) 管口方位的表达方法：同一管口，在主视图和方位图上必须标注相同的小写字母。当俯（左）视图必须画出，而管口方位在俯（左）视图上已表达清楚时，可不必画出管口方位图，如图 2-43 所示。

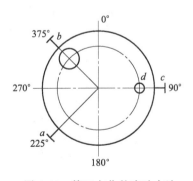

图 2-43 管口方位的表达方法

7) 简化画法：设备上某些结构已有零部件图，或另外用剖视、断面、局部放大图等方法已表示清楚时，设备图上允许用单线（粗实线）表示。如图 2-44 中用指引线说明的零部件，均采用单线示意画法，而其它零部件仍按装配图的要求画出。

① 化工设备图中，不论法兰的连接面是什么型式（平面、凹凸面、榫槽面），管法兰的画法均可简化成图示的形式，如图 2-45 所示。

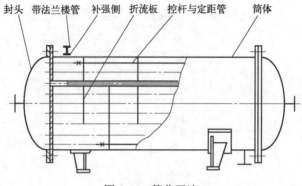

图 2-44 简化画法

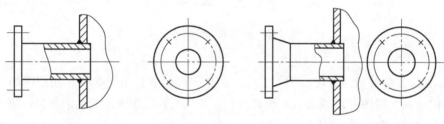

图 2-45 管法兰画法

② 螺栓孔可用中心线和轴线表示,而圆孔的投影则可省略不画,如图 2-46 所示。装配图中的螺栓连接可用符号"×"(粗实线)表示,若数量较多,且均匀分布时,可以只画出几个符号表示其分布方位。

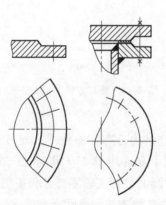

图 2-46 螺栓孔和螺栓连接的简化画法

③ 当设备中装有同一规格的材料和同一堆放方法的填充物时，在剖视图中，可用交叉的细实线表示，同时注写有关的尺寸和文字说明（规格和堆放方法），如图 2-47 所示。对装有不同规格的材料或不同堆放方法的填充物，必须分层表示，并分别注明填充物的规格和堆放方法，如图 2-48 所示。

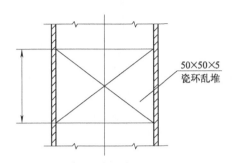

图 2-47　同一规格填充物的简化画法

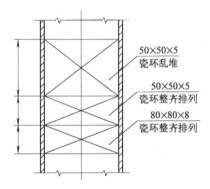

图 2-48　不同规格填充物的简化画法

④ 标准零部件在设备图中不必详细画出，可按比例画出其外形特征的简图。外购零部件在设备图中，只需根据尺寸按比例用粗实线画出其外形轮廓简图，并同时在明细栏中注写名称、规格、标准号等，如图 2-49 所示。

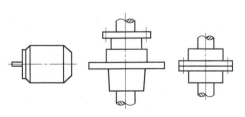

图 2-49　标准零部件的简化画法

⑤ 在设备图中，带有两个接管的玻璃管液面计，可用细点画线和符号"＋"（粗实线）简化表示，如图 2-50 所示。

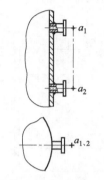

图 2-50　液面计的简化画法

(3) 化工设备图的尺寸标注

1) 尺寸分析。

① 规格性能尺寸：反映化工设备的规格、性能、特征及生产能力的尺寸。

② 装配尺寸：反映零部件间的相对位置尺寸。

③ 外形尺寸：表达设备的总长、总高、总宽（或外径）的尺寸。

④ 安装尺寸：化工设备安装在基础或其它构件上所需要的尺寸。

⑤ 其它尺寸：一些零部件规格或主要尺寸。

2) 尺寸基准。

要使标注的尺寸满足制造、检验、安装的需要，必须合理选择尺寸基准。化工设备图中常用的尺寸基准有下列几种，如图 2-51 所示。

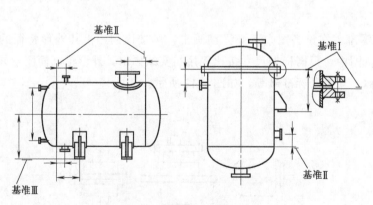

图 2-51　尺寸基准

① 设备筒体和封头的中心线。

② 设备筒体和封头焊接时的环焊缝。
③ 设备容器法兰的端面。
④ 设备支座的底面。
⑤ 管口的轴线与壳体表面的交线等。

(4) 焊接结构的表达

焊接是一种不可拆卸的连接形式。由于它施工简便、连接可靠，在化工设备制造、安装过程中被广泛采用。

1) 焊接接头型式如图 2-52 所示：

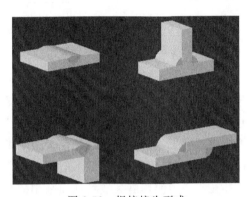

图 2-52　焊接接头型式

① 焊缝型式：对接、角接。
② 焊接接头型式：对接接头、搭接接头、T 型接头、角接接头。
③ 坡口：V 型、U 型、X 型、K 型。

2) 焊接方法与焊缝型式：随着焊接技术的发展，焊接方法已有几十种。GB/T 5185—1985 规定，用阿拉伯数字代号表示各种焊接方法，并可在图样中标出。常用的焊接方法及代号见表 2-6。

表 2-6　焊接方法及代号（摘自 GB/T 5185—1985）

| 代号 | 焊接方法 | 代号 | 焊接方法 | 代号 | 焊接方法 | 代号 | 焊接方法 |
| --- | --- | --- | --- | --- | --- | --- | --- |
| 111 | 手弧焊 | 21 | 点焊 | 321 | 空气-乙炔焊 | 751 | 激光焊 |
| 12 | 埋弧焊 | 22 | 缝焊 | 42 | 摩擦焊 | 91 | 硬钎焊 |
| 121 | 丝极埋弧焊 | 25 | 电阻对焊 | 43 | 锻焊 | 912 | 火焰硬钎焊 |
| 122 | 带极埋弧焊 | 291 | 高频电阻焊 | 441 | 爆炸焊 | 916 | 感应硬钎焊 |
| 15 | 等离子弧焊 | 311 | 氧-乙炔焊 | 72 | 电渣焊 | 94 | 软钎焊 |
| 181 | 碳弧焊 | 312 | 氧-丙烷焊 | 74 | 感应焊 | 942 | 火焰软钎焊 |

国家标准（GB/T 12212—1990）规定：在图样中一般用焊缝符号表示焊缝，也可采用图示法表示。在视图中需画出焊缝时，可见焊缝用细实线栅线（允许徒手绘制）表示，也可采用特粗线（$2d\sim3d$）表示，但在同一图样中，只允许采用一种方式；在剖视图或断面图中，焊缝的金属熔焊区应涂黑表示，如图 2-53 所示。

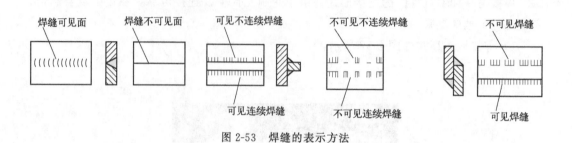

图 2-53　焊缝的表示方法

焊缝符号：当焊缝分布比较简单时，可不必画出焊缝，只在焊缝处标注焊缝符号。焊缝符号一般由基本符号和指引线组成，必要时还可加上辅助符号、补充符号和焊缝尺寸符号。基本符号表示焊缝横截面形状的符号，它采用近似于焊缝横截面形状的符号来表示，见表 2-7。辅助符号表示焊缝表面形状特征的符号，不需要确切地说明焊缝表面形状时，不加注此符号。补充符号说明焊缝某些特征而采用的符号，焊缝没有这些特征时，不加注此符号。焊缝尺寸符号是用字母代表对焊缝的尺寸要求，当需要注明焊缝尺寸时才标注。

表 2-7　焊缝符号表示方法

| 焊缝名称 | 焊缝横截面形状 | 符号 |
| --- | --- | --- |
| I 型焊缝 |  | ‖ |
| V 型焊缝 |  | V |
| 带钝边 V 型焊缝 |  | Y |
| 单边 V 型焊缝 |  | V |
| 钝边单边 V 型焊缝 |  | Y |

焊缝标注方法如图 2-54 所示。焊缝局部放大画法如图 2-55 所示。

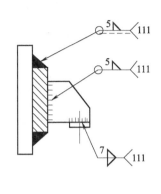 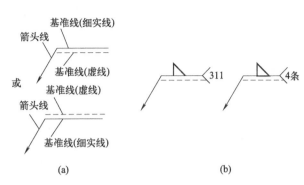

图 2-54 焊缝标注方法

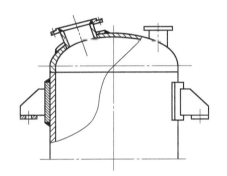 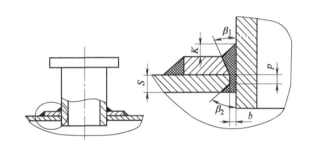

图 2-55 焊缝局部放大画法

### 3. 操作步骤

根据任务要求绘制化工设备图实训图样。

用 CAD 绘制完成图 2-56，要求如下：

① A2 图幅。

② 不留装订边边框。

手工绘制完成图 2-57，要求如下：

① A2 图幅。

② 留装订边边框。

姓名　　　学号　　　班级

粘贴页

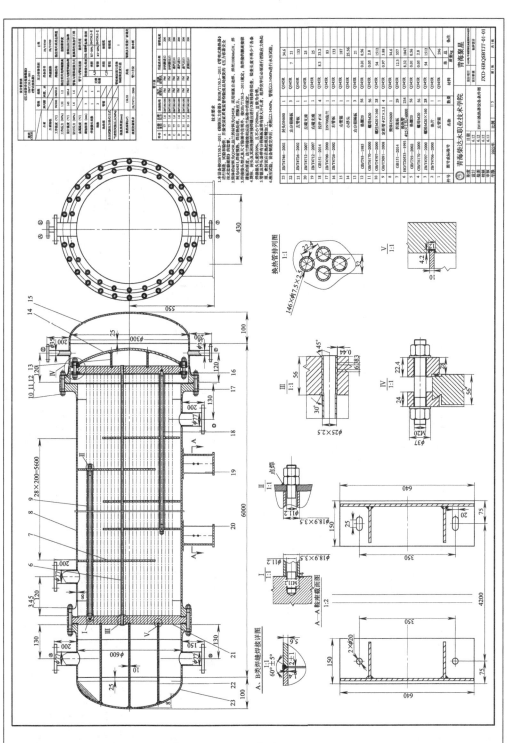

图 2-56 列管式换热器设备装配图

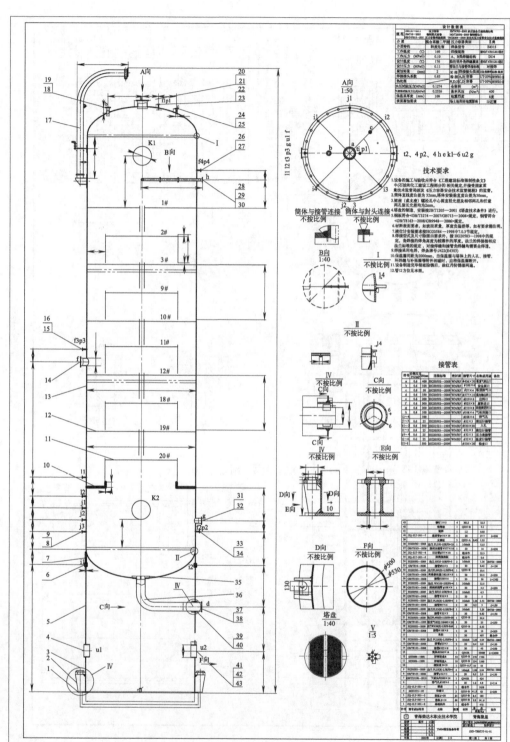

图 2-57 填料塔设备装配图

## 实训五　绘制化工单元过程控制图

**1. 任务目标**

① 掌握简单化工过程控制原理。
② 掌握典型仪表字母代号。
③ 能够根据图样操作控制仪表。
④ 理论联系实际，既要会画图还要会用图。
⑤ 注重图样细节表达，培养专注严谨的工作作风。

**2. 任务分析**

典型的化工单元过程控制图：化工过程控制是指通过传感器、仪表、变送器、执行器、控制器等现代化装置对化工生产过程中的参数进行自动或者半自动控制，提高精确度，节省人工。

① 简单的控制回路如图 2-58～图 2-60 所示。

图 2-58　检测回路

图 2-59　检测变送和仪表盘显示回路

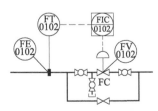

图 2-60　检测变送、DCS、执行器控制回路

② 出口温度控制（液位串级控制），如图 2-61 所示。

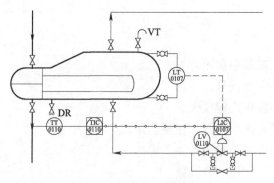

图 2-61　出口温度控制

③ 离心泵出口压力控制，如图 2-62 所示。

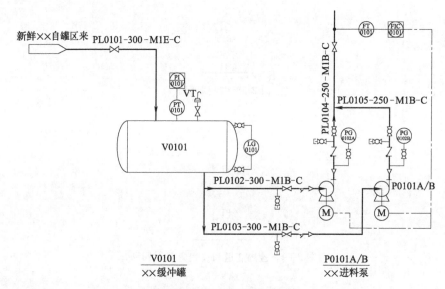

图 2-62　离心泵出口压力控制

## 3. 操作步骤

绘制典型的化工单元控制图

用 CAD 完成图 2-63。

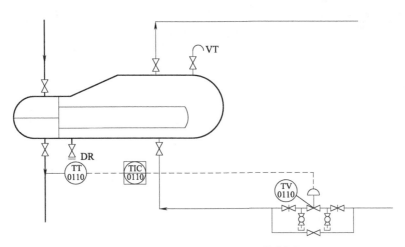

图 2-63 典型的化工单元过程控制图

姓名　　　学号　　　班级

粘贴页

# 参考文献

［1］ 邢锋芝，化工制图与CAD［M］．天津：天津大学出版社，2017．
［2］ 胡建生，化工制图［M］．北京：化学工业出版社，2018．
［3］ 焦永和，机械制图［M］．北京：机械工业出版社，2018．
［4］ 高俊亭，工程制图［M］．北京：高等教育出版社，2016．
［5］ 张晖，化工制图与CAD（化工类）［M］．大连：大连理工大学出版社，2016．